认知网络的数据传输机制

李　婕　著

东北大学出版社
·沈　阳·

图书在版编目（CIP）数据

认知网络的数据传输机制 / 李婕著. — 沈阳　:东北大学出版社，2019. 12
ISBN　978-7-5517-2277-3

Ⅰ. ①认…　Ⅱ. ①李…　Ⅲ. ①通信网－数据传输　Ⅳ. ①TN915

中国版本图书馆 CIP 数据核字(2019)第 290576 号

出 版 者：东北大学出版社
地址：沈阳市和平区文化路三号巷 11 号
邮编：110819
电话：024-83683655(总编室)　83687331(营销部)
传真：024-83687332(总编室)　83680180(营销部)
网址：http://www.neupress.com
E-mail: neuph@neupress.com
印 刷 者：沈阳市第二市政建设工程公司印刷厂
发 行 者：东北大学出版社
幅面尺寸：170mm×240mm
印　　张：12
字　　数：209 千字
出版时间：2019 年 12 月第 1 版
印刷时间：2019 年 12 月第 1 次印刷
策划编辑：牛连功
责任编辑：杨世剑　周　朦
责任校对：吕　翀
封面设计：潘正一
责任出版：唐敏志

ISBN　978-7-5517-2277-3　　定　价：36.00 元

前　言

随着互联网技术和人工智能的迅速发展，未来网络朝着自主、自治、自管理方向演化。认知网络的概念由互联网络之父 David Clark 在 2003 年的 SIGCOMM 会议上提出，其思想是为互联网引入知识平面。知识平面能够加快网络低层次的数据汇集，并为更高水平的数据处理作出决策。认知网络不仅局限于构建智能化的物理网络，还要构建使高层的用户意识与现实的物理网络相融合的知识一体化的网络生态系统。2013 年，麦肯锡全球研究所发布《颠覆技术——即将变革生活、商业和全球经济的进展》的报告，预测 12 项可能在 2025 年之前决定未来世界经济的颠覆性技术。按照其对未来经济潜在的影响程度排名，移动互联网络（mobile Internet）、知识工作自动化（automation of knowledge work）、物联网（Internet of things）、云计算（cloud technology）、先进机器人（advanced Robotics）、自动汽车（autonomous and near-autonomous vehicles）六项技术对经济的价值贡献最大。这六项技术所包含的主要技术研究领域与认知网络的研究密切相关，尤其是知识工作自动化技术正是认知网络研究的关键技术，其包含的人工智能、机器学习、自然人机接口技术及大数据技术都在认知网络的架构中运行。自然人机接口技术为网络元素执行高层次的用户决策提供了接口，大数据分析实现网络低层次的数据汇聚和分析处理，认知过程通过机器学习机制对网络状态信息进行学习和推理，通过智能算法作出行为决策。云计算、物联网、先进机器人和自主汽车为认知网络的实际应用提供了技术基础。目前，认知网络技术在第四次工业革命——工业互联网的发展中，起到了巨大的作用，认知网络为以实现智能制造为目标的工业互联网提供了网络模型，为工业互联网的实际部署和构建提供实现技术。因此，认知网络的研究具有重大的理论和现实意义，推动了国家经济发展和工业智能化进程。

认知网络是由大量具有感知、数据处理和通信能力的智能节点组成的网络，并且通过智能节点之间的协作，实现对网络环境的感知，根据用户需求作出相应的行为决策和资源配置，从而优化整个网络的性能和服务质量。由于认知网络具有智能性、自适应性、自管理性等特点，在社会服务、军事通信、环境保护、智能交通、灾害预测及救援等领域有着广阔的应用前景。

本书在认知网络的思想和架构下，结合移动社交网络、机会网络的应用背景，以实现认知网络自适应的路由机制和认知网络社会化应用中的数据服务业务为目标，感知网络状态信息和用户行为参数，采用学习和推理机制中的数学模型、人工智能算法、运筹学中的经典理论与方法对环境感知信息进行分析及预测，在此基础上研究适合认知网络应用系统的路由算法、数据转发机制及相关技术。

本书共有七章，具体内容安排如下：

第 1 章是绪论，首先对认知网络的特征、关键技术和应用等进行分析和介绍，然后介绍了社群智能和机会网络的特征、研究热点和应用，在此基础上提出了本书的研究背景、研究现状、主要研究内容和创新点；

第 2 章介绍与本书研究内容相关的理论基础，包括智能算法、概率论和运筹学及信誉管理等方面的理论知识；

第 3 章研究认知网络的自适应性路由算法，提出了三种在认知网络架构下基于流量预测模型的路由机制，并对三种算法进行了仿真验证和性能评价；

第 4 章研究基于社群智能的机会认知网络系统的节点移动性问题，通过采集具有社会性的节点移动轨迹，挖掘节点之间的社会关系，然后优化设计移动节点预测模型，对此算法在实际数据集上进行预测准确率的验证，并进行深入分析；

第 5 章在机会认知网络背景下，研究节点的数据分发机制，设计了系统模型，并提出了三种适用于机会认知网络的数据分发机制，分别采用位置预测算法、生物启发式算法进行模型设计，最后通过实验仿真验证算法的有效性，并与经典的机会数据转发机制进行性能比较，从而进行深入分析，给出性能评价；

第 6 章对基于社群智能的机会认知网络系统中涉及的服务可靠性和参与者激励机制开展研究，提出了一种基于声望的用户激励模型，同时在该模型基础上设计了数据分发算法，最后对激励模型进行了仿真验证，通过设置不同的系统场景，验证该激励模型的性能，对模型的可靠性和适用性给出了评价；

第7章对全书进行总结，并阐述了对认知网络数据传输机制的研究展望。

本书的顺利完成，离不开导师、同事及家人的支持。首先，我要感谢我的博士生导师王兴伟教授，本书是在王老师的精心指导下完成的。从选题、研究方案设计到最后书稿的修改、付梓，都得到了导师的悉心指导。感谢东北大学计算机科学与工程学院的领导和同事给了我团结上进的工作环境，使我在高效地完成教学科研工作之余著书立说。还要感谢我的家人，他们的爱护与支持，让我始终充满信心地投身于写作中。此外，东北大学出版社对本书的出版提供了有力支持，在此我表示真诚的感谢。

本书内容包括我的博士学位论文及我主持的国家自然科学基金青年项目（编号：61502092）的部分成果。本书的出版得到了国家自然科学基金项目（61502092、61872073）、中央高校基本科研业务费专项资金（N171604016、N151604001）、辽宁省高校创新团队支持计划资助项目（LT2016007）、中国博士后科学基金（2016M591449）的资助。

本书在撰写过程中参阅了大量的文献资料，其中部分参考文献已在书中列出，因受篇幅所限，对未列出的文献，请有关作者谅解。最后，本书文责自负，在理论或方法上尚存在不足之处，欢迎业界同行多提宝贵意见。

著　者

2019年9月

目　录

第1章 绪 论

1.1 研究背景

目前互联网的功能和业务日益复杂化、多样化，所涉及的大量应用和服务对当今社会产生了直接而巨大的影响，并渗透到社会生活、经济发展、教育科研及娱乐生活等诸多领域。近年来，在网络和通信技术中融入了“认知”和“智能”技术，并且结合网络协议的跨层设计机制，使得网络元素能够感知网络环境和资源的变化，自适应地进行资源配置和网络管理，这种网络被称为认知网络[1-7]，它已经成为未来网络和通信技术的重要发展方向[8-9]。人类的活动和信息网络密切相关，因而在信息世界中留下了大量人类活动的数字印迹(digital traces)[10]。智能设备采集的数据可以记录个体之间邻近关系、位置信息、运动及其他个体行为和组群交互行为等，因而产生了社群智能(social and community intelligence, SCI)系统。其构建在智能网络系统的基础上，采集数据信息，分析人类的行为模式和社区的动态属性，集感知、计算、通信、控制于一体[11]。认知网络的系统架构和设计思想为社群智能系统的发展提供了强有力的网络模型，并且认知网络技术能够支撑社群智能系统的应用服务。近几年，该领域的研究获得广泛的关注并取得了很大的进展。

1.1.1 认知网络

认知网络是在认知无线电[12-13]和跨层设计[14-15]基础上发展而来的，它的研究是以整个网络系统的行为作为驱动目标的。认知网络研究主体具有异构性，其涉及对象包括主干网络、无线接入网络、移动自组织网络、延迟容忍网络等。与传统网络相比较，认知网络具有两个重要特征：一是以端到端的目标驱动整个网络系统的行为，二是网络具有智能感知和自适应能力。认知网络技术广泛应用于许多领域，例如异构网络连接、智能通信系统、社会化网络服务、军事通信网络、环境监测和生态保护等。

1.1.1.1 认知网络的产生及定义

最早出现的是认知无线电，其概念起源于1999年Joseph Mitola博士的奠基性工作。其核心思想是认知无线电具有学习能力，能与周围环境进行信息交互，感知和使用感知空间内的可用频谱资源，并且能够限制和降低信道冲突的发生；其研究目标是网络的物理层和链路层[12]。Simon Haykin在此基础上发展了认知无线电的概念[13]，认知网络的大量相关研究也都是基于认知无线电来进行的。

认知网络的概念出现于2003年，Clark等在SIGCOMM会议上提出了近似的认知网络的概念，为互联网引入知识平面（knowledge plane，KP）的思想[16-17]，网络的知识平面能够为网络内的普适系统建立和维护一个模型，该模型能够为网络将要执行的操作给予建议。知识平面能够提高网络低层次的数据汇集，并为更高水平的数据处理作出决策。

Sifalakis M等人[4]认为，认知网络具有基于推理和先验知识，根据条件或事件作出适应的能力，在现有网络之上增加一个认知层，使之提供端到端的性能、安全、服务质量(QoS)和资源管理，并满足网络优化的目标。然而他们提出在主动网上增加一个认知层组成新网络，该网络不能算是一个认知网络，因为它不能提供端到端的性能、安全、服务质量和资源管理等。Boscovic D等[7]把认知网络定义为一个以动态改变自身拓扑或操作性能参数来响应特定用户需求的网络，同时增强操作和调节策略并优化整个网络的性能。

2005年，弗吉尼亚理工大学的Thomas R W等人[1]在IEEE DySPAN会议上对Mahonen P[18]和Clark D D[6]的研究成果进行比较和分析，总结了认知网络的定义：认知网络是一个具有认知过程，能感知当前网络的状态，并能对这些网络状态作出反应的网络。认知网络能在适应外界环境的过程中进行学习，并使用获得的知识对未来网络状态进行判决，直到达到预期的目标。其中端到端的认知范围是最重要的，否则仅是认知层的概念而不是认知网络的概念。

上述定义都将推理学习和认知能力作为认知网络的核心技术，将网络的端到端认知范围作为认知网络区别于其他认知通信技术的关键要素。

本书给出的认知网络的含义如下：认知网络是通过软件适应性网络和可感知终端等低层感知技术，从外界获得网络状态和环境的实时信息，通过认知描述语言了解用户和网络应用的需求，采用学习和推理等智能判定方法，依据端到端的目标作出决策，使得网络在资源配置、服务质量和安全等方面获得有效的管理，达到网络性能最优化的目标。

1.1.1.2 认知网络的特点

认知网络具有对环境的自适应性和自管理性，这一特征与生物系统极其相似。生物系统的自适应性和自管理性是通过反馈控制机制实现的，能够对环境变化进行感知从而做出适应性的行为。在文献[5]中给出如图1.1所示的认知循环的过程，描述的就是这种反馈控制机制，将这种认知循环加入到网络的设计中可以提高网络的自适应、自管理、自优化的能力。

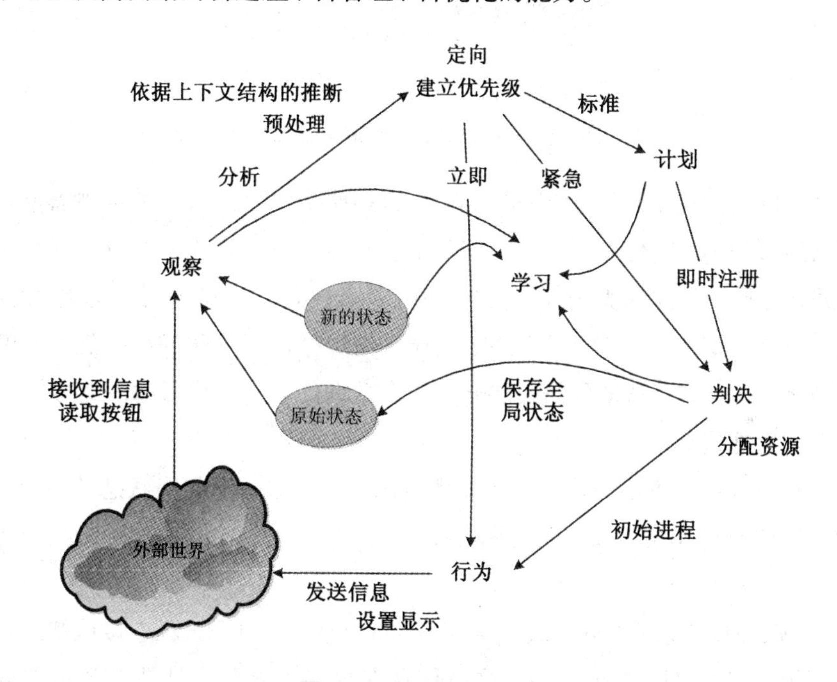

图1.1 认知循环的过程

Fig.1.1 The process of cognitive cycle

各种认知网络的设计对象，无论网络的范围有多大，无论其采用何种控制模式、拥有多少状态信息，其采用的网络架构都是相似的。认知网络必须知道网络节点之间进行通信的端到端目标及如何与下层软件适应性网络进行交互。因此，认知网络的软件架构需要将用户的端到端需求、认知平面和下层网络关联在一起，但是目前还没有具有良好可实现性的体系结构。文献[1]中给出了认知网络的一般架构，如图1.2所示。

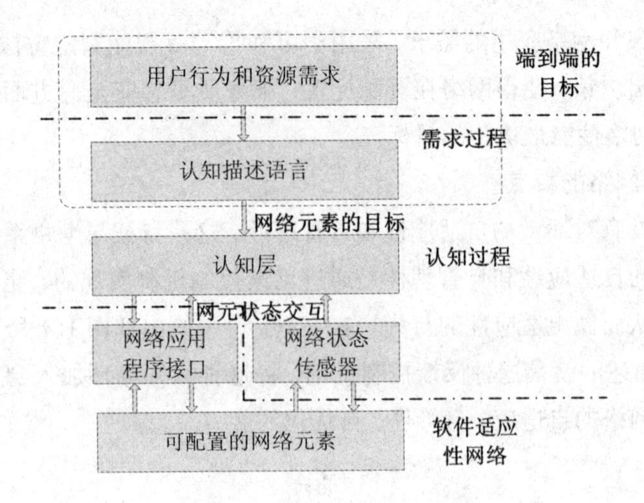

图 1.2　认知网络的一般架构

Fig.1.2　The general framework of cognitive networks

认知网络的最上层是端到端的目标，包括网络的用户行为和资源需求。认知网络通过识别、优化和权衡用户需求来驱动认知行为，和大多数工程问题一样，需要对每一目标的优化进行权衡。在优化过程中，认知网络不能够无限制地优化所有数据。在大多数系统中，对于一组数据进行优化的前提是不影响到其他数据。基于此，认知网络需要知道所有数据的优先次序及每一组数据最高和最低的性能指标。

认知过程由三方面组成，即认知规范语言、认知层和网络状态传感器，它们按照反馈回路提供认知层的实际情况，并与软件适应性网络和网络用户进行交互。

(1)认知规范语言(cognitive specification language，CSL)。连接认知层与网络高层用户需求之间的接口层。这一信息在源端需求和本地认知过程之间传递，并非是全局信息。认知规范语言必须能够与网络元素、应用和目标相适应。其他的需求应该包括对分布式和集中式操作的支持，也包括不同认知层之间的数据共享。应用程序要把高层用户产生的需求翻译成认知规范语言。

(2)认知层。网络的认知可以采用集中式或者分布式，这取决于网络的操作是本地模式还是社区模式。大多数网络对于不同的节点执行不同的认知行为。

(3)网络状态传感器。认知规范语言将端到端的目标传达给认知层，网络状态传感器将网络环境的反馈信息传递到认知层。认知层对可能的行为进行模式、趋势和阈值的观察。网络状态传感器仅从当前管理的连接节点处获取数据，然后向整个网络发布信息。传感器收集的状态信息可以通过分布式或集中式方式传输，这些传感器节点可以与具有不同网络目标的节点共同部署。

可配置网络要素集中于软件适应性网络中，认知网络需要知道软件适应性网络提供的能够控制的网络元素的接口，这与应用程序接口和接口描述语言相似。软件适应性网络由作用于认知网络控制点的可配置的网络元素组成。

(1)网络应用程序接口。应用程序接口可以屏蔽多平台的差异，具有灵活性和可扩展性。应用程序接口的另一职责是告知认知网络其网络元素的操作状态。网络协议层的改变要求链路的两端同步并以同样的模式进行操作。软件适应性网络要求网络元素的状态同步，如果两个网络认知过程传输频道的切换不同、分组头部的位排序不同或者重传递的策略不同，都会导致两个节点的传输失败。认知网络需要了解每一个通信设备的状态改变，如若不满足同步则将阻止通信。由于不同的网络按照自身的适应性做不同的更改，因此采集和发布这些状态信息的系统必须具有健壮性和可扩展性。

(2)可配置的网络元素。软件适应性网络的现行组件是可以进行配置的网络元素，包括网络中使用的所有元素，每一元素应该具有应用程序接口(application program interface，API)的公有和私有接口，使之与认知网络和软件适用性网络进行操作。

1.1.1.3 认知网络和认知行为的研究现状

近年来，随着网络复杂性和用户需求的提升，认知网络的相关研究得到了越来越多的关注，国内外很多学者对认知网络的协议和算法进行了研究，其热点研究方向主要包括无线频谱接入、数据路由转发和节点移动模型等方面。

个体用户和社群组织的行为需要网络提供相应的物理资源和计算资源，从而产生端到端的网络行为。这一过程需要网络具有认知能力，通过采集分析个体用户或社群组织的需求数据，来合理配置网络资源，执行相应的网络行为。例如，在资源受限的条件下，需要进行连接的社群用户之间通常不是一直存在于从源节点至目的节点的通路上，因此要依据节点的动态变化实时获取节点位置数据，计算可连通路径。数据以“存储—携带—转发”的方式在网络中传输，这给认知网络中路由转发算法的设计带来了更大的挑战。

目前，国外认知网络的研究也属于起步阶段，研究主要集中在以下三个方面：一是关于认知网络的基础性研究，探讨认知网络的体系结构，例如认知网

络的层次、结构等问题，目前尚未看到一种具有良好可实现性与可扩展性的完整的体系结构；二是集中在在某种特定应用、特定实现方法或特定问题的研究上，这对特定情况具有很好的指导意义，但不具有广泛的理论意义；三是集中在以无线通信为平台、以认知无线电为基础的扩展性研究上，与认知网络的研究仍有一定的区别。

基于上述分析，认知网络的研究目前尚属于前沿技术研究，尚未有标准化和系统级的原型，尚处于起步阶段，只有一些初步的概念和设想提出，正待进一步的深入研究，这为本课题的研究工作提供了创新性空间和发展机遇。本课题组将认知网络技术与物理信息空间的概念相结合，研究社会群体行为而演化生成的网络行为，使得网络向智能化和面向社会服务化方向发展，提高我国在认知网络方向上的学术水平、创新能力和国际竞争力。

1.1.1.4　认知网络的关键技术

认知网络的相关研究在国内外都是刚刚起步，但已经形成了相关的关键技术。认知网络具有的自感知性、自适应性、自管理性和可重新配置等特性，为很多网络应用的研究提供了重要方法，如生物启发式网络、认知 Ad hoc 网络、自适应网络、自管理网络及认知无线电。目前主要有以下几项关键技术。

(1)认知循环技术。生物系统是一种具有反馈控制机制的系统，对环境的变化具有很好的适应性，认知循环描述的就是这种反馈控制机制，将认知循环融入到网络的设计中可以提高网络的自适应、自管理、自优化的能力[19]。

(2)跨层设计技术。传统的计算机网络协议是分层的，层间的交互只能发生在相邻的层之间。每一层中的信息不能被整个网络所共享，有限的作用域使得问题发生时只能被动处理。跨层设计技术打破这种层次间的限制，建立各层间信息的共享机制。跨层设计的重要原则：不是孤立地对各层进行设计，而是利用它们之间的相关性将各层协议集成到一个综合的分级框架中，以此充分利用网络资源，实现无线通信系统性能的最优化。从一般意义上来说，跨层设计由高层跨层信息和低层跨层信息及二者之间的交互组成，并且跨层设计涉及网络的所有层次。跨层设计研究针对无线网络的协议模型，在参考文献[20]中提出了 Ad hoc 网络中跨层优化的方案，在传输层和数据链路层之间进行信息交互，传输层通过数据链路层的信息调整其传输性能，如图 1.3 所示。

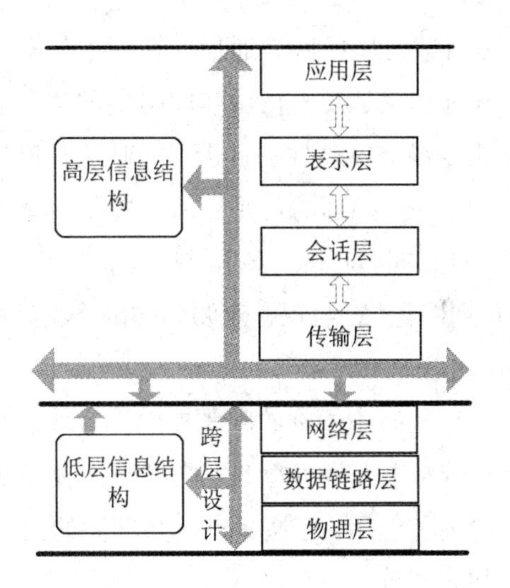

图 1.3 网络协议跨层设计的思想

Fig.1.3 The cross-layer design of network protocol

(3)生物启发式应用技术。生物系统中的自组织性和健壮性为研究认知网络提供了重要的方法。主要有以下两个方面：一方面是普适计算环境下的网络通信模式研究，将从端到端通信转变为自治的、面向业务的模式。在文献[21]提出的 SOCS(service-oriented communication system)模型中，信息流由用户节点的移动产生并进行机会性的交换，而没有通过骨干网来传递大量的数据。同时传感器从周围环境获得的感知信息也是通过用户节点的移动来实现传播的。如果想有效地运行普适业务，必须保证用户节点有足够程度的移动性，因此用户节点的移动性和数据的机会性的交换构成了 SOCS 网络结构中的关键因素。另一方面是目前的生物系统通过反馈来控制环路对环境做出适应性的变化，这种现象同样存在于自然选择的过程中[22]。物种经过几代的进化，增强有利于生存的机能，可以更好地适应动态变化的生存环境。遗传算法作为解决适应环境动态变化的探索性方法，能够实现生物启发式网络的遗传进化原则。文献[23-25]将遗传算法模型应用到通信网络控制中。

(4)知识学习技术的研究。认知网络需要具有从周围网络环境进行学习的能力，因此认知网络的知识学习技术是实现其网络功能的基础。运用认知学习技术进行问题处理时需要依据所学知识建立适合的学习模型[26-27]，例如决策树、神经网络、案例库和概率论等理论方法。

(5)分布式的学习与推理技术。认知网络的研究提供了一个具有决策能力

的授权网络，用以处理日益复杂的网络通信。在一个认知网络中，最关键的特征就是认知的过程，该过程就是发生在认知网络中的学习和推理。目前，关于建立认知过程的潜在机制没有突破性的进展，同时这些机制的选择和实施，需要交替进行。在认知网络中，推理的首要目标是选择一套适当的行为以响应感知到的网络条件。在理想的状况下，选择的过程将知识库中有用的历史知识(通常被称为短期和长期的记忆)与现在观测到的网络状态相结合。

1.1.1.5　认知网络的应用

认知网络技术为现有网络中面临的问题提供了有效的解决方案，目前国内外研究机构在异构网络连接和移动性管理、网络自治管理及普适计算等领域开展了认知网络系统的研究和应用，这些具有认知功能的网络系统有效地验证了认知网络技术的应用和研究价值。

认知网络为采用不同协议和物理接口的网络创建有序性的机制。它采用感知技术获取所处环境的状态信息，然后进行学习推理，消除节点之间的冲突，优化节点之间的连接。认知网络具备自配置、自管理、自优化功能，需要网络具有可重配置特性，能够实现异构技术的融合和统一管理，最大化网络资源的利用率，并节省网络运营维护的投入。从高层目标来看，认知网络可以构建高效的同构簇；从低层目标来看，认知网络可以减少网络系统的整体功耗。例如，智能交通管理系统运用认知网络技术实现异构网络连接，进而完成交通状况的预测和管理；社群智能系统中运用认知网络技术实现信息的采集和分析，从而为社会服务提供决策依据。

认知无线电网络是认知网络技术在网络物理层成功实现的案例，认知无线电技术作为一门当代最热门的新兴无线电通信技术，通过智能化认知整个通信过程，最终实现在任何时间、任何地点为用户提供高效可靠的通信和有效的频谱利用。目前，动态频谱接入(dynamic spectrum access，DSA)问题的解决方案是认知网络的典型应用，已经成为认知网络的研究热点。

认知网络可以用于管理网络中任一连接的服务质量，其通过对网络行为进行学习，利用观察到的网络状态的反馈，可以找到连接瓶颈，然后对 QoS 进行评估、改变优先级和优化行为，最终提供端到端的 QoS。

认知网络技术可以用于构建平滑移动自治系统。IBM 基于自治计算提出了网格控制环的概念[28]。网格控制环对收集的传感信息进行分析，依据分析的结果决定是否需要对被监控的管理资源进行修改，因此它可以作为认知网络的一种形态。在自治网格控制环的基础上，Motorola 提出了 FOCALE 的自治网络架构[29]。FOCALE 设计的目标是便于网络管理中应用自主原则。因此，它不同于常见的自主架构，而是考虑端到端的要求，借助信息与数据模型，本体、策略管理和知识工程等方法，实现有线网络及无线网络的管理。

认知网络也可以运用到网络安全方面，例如认知网络的接入控制技术、隧道技术、信任管理和入侵检测技术[30-31]等。通过对网络各层的反馈分析，认知网络可以发现对网络有威胁的模式和潜在的安全隐患，从而采取相应的行为动作来增强安全性，防患于未然。保证安全的机制有改变规则、协议、加密和分组成员的设置等。

在移动自组织网络的路由选择策略中可以运用认知网络技术。认知网络中网络状态的观测是实现认知网络目标的基础，为了使网络性能达到理想状态，需要多少有关网络状态的信息？这一问题在认知网络中尤为重要。因为，大量的网络状态信息都可能成为网络决策的依据。以 MANET 中的路由机制为例，当前 MANET 中的路由协议是以有线网络中的路由算法为基础扩展的。尽管有线网络中的最优路由选择是基于动态规则的，但是关键假设、静态链接成本使得有线网络中的动态程序设计无法在 MANET 中应用。文献[32]提出了 MANET 的链路层模型，该模型将网络抽象成具有马尔可夫变化特征的随机变化图。将马尔可夫决策过程作为计算认知网络最优路径策略的适当架构，进而分析最优策略和链路状态信息之间的关系，作为计算到下一跳节点最小距离的函数。

1.1.2　社群智能

人类的社会活动和信息网络密切相关，因而在信息世界中留下了大量人类活动的数字印迹。例如，电子设备采集的数据可以记录物体之间邻近关系，物体的位置、运动，以及其他个体行为和群组交互行为等，这些数据会引发一些有趣的问题。例如，一个团体中的联系和通信模式、高度个体和群组性能相关的流模式及社会网络随时间演化的描述。计算社会学(computational social science，CSS)的出现使得数据采集和分析的能力达到前所未有的广度和深度，相关技术用来揭示个体和组群的行为模式。在此基础上衍生了社群智能(SCI)系统，该系统通过智能设备采集各种信息数据，分析人类的行为模式、社区的动态属性，以及生态环境的变化，并集成感知、计算、通信、控制于一体的智能系统[11]。

SCI 是刚刚兴起的研究领域，通过采集和分析信息物理空间中的信息数据来揭示人类行为模式和社群的动态变化特征。在信息物理空间中的多行为模式的复杂性、各类数据源将整合成为可描述的人类社会行为。SCI 的研究区别于现有的相似研究领域，如社会计算、现实挖掘、都市计算、以人为中心的感知。SCI 系统超出了上述单一智能空间的范围，其关键特征是具有实时生活和实时数据的采集和推理能力，因此 SCI 系统需要具有集成大规模、异构信息源数据的架构，支持快速的应用开发、部署和评估，如图 1.4 所示为 SCI 系统的通用架构[11]。SCI 系统聚合了三方面的数据：互联网上的信息数据、静态基础设施的数据及移动设备和传感器获取的数据。而其他研究方面仅从单一的数据源进行采集和分析数据。

图 1.4　SCI 的通用架构

Fig.1.4　The architecture of SCI

从社群智能系统的通用架构可以看出，社群智能系统从物理环境和社会环境中进行数据采集，通过数据融合分析和语义处理，为社群智能模型提供数据信息，从而为上层应用提供服务。目前社群智能的研究包括参与式感知[33-39]与机会感知[40-41]、隐私与数据可信[42]、大规模异构数据管理[43]、从低级感知数据获取高级智能数据[44]。认知网络的设计对象具有普适性，认知网络架构和设计思想为社群智能系统提供更完善的支撑技术和部署，除了从底层获取信息之外，还能够将高层的决策反馈作用于底层的普适网络，实现网络的智能化和自管理功能。结合社群智能的认知网络应用能够改善人们的生活和社会组织形态，为人类健康、公众安全、城市资源管理、环境监测及交通管理等社会问题提供创新技术和实现方法。

1.1.3 机会网络

随着大量低成本、具有短距离无线通信的智能设备的普及，社会生活与信息系统密切地融合在一起，传统的网络架构和通信机制已经不能满足新型网络应用的需求。例如,配置智能设备的车辆组成车载网络，能够实现交通事故预警和其他道路安全应用[45]；各种配备蓝牙或 Wi-Fi 接口的智能设备组成网络以实现数据共享或协作访问互联网[46]；放置在动物身上的传感器组成移动传感器网络来收集动物迁徙数据[47]；等等。这类网络的特点是节点具有移动性、分布稀疏，节点之间的短距离通信具有较高的速率和带宽，但是由于网络资源贫乏或获取代价昂贵等原因导致网络不能够全连通。解决这些问题需要通过节点的移动带来通信的机会，从而完成数据的转发。这种网络称为机会网络[48]，即为一种延迟容忍网络(delay-tolarent network，DTN)[49]，DTN 的网络架构如图 1.5 所示，网络由多个域组成，每个域内可以使用独立的网络协议，域间由 DTN 网关实现间歇性的通信。

围绕机会网络的特征和应用，目前研究热点是节点移动模型、机会数据转发与基于机会通信的数据分发和检索等应用。机会网络的通信模式采用“存储—携带—转发”的机制，在此通信模式的基础上设计机会转发机制。具有代表性的数据转发机制有基于冗余的转发机制、基于效用的转发机制、冗余效用混合机制和基于节点主动运动的转发机制。在基于冗余的转发机制中，包括基于复制[50-51]和基于编码[52-55]的转发机制。该机制特点是一个数据消息将产生多个消息备份在网络中分发，通过多路径并行传输提高消息传输性能；该机制的缺点是多备份会加重网络负载，降低网络的寿命。基于效用的转发机制包括基于相遇预测的转发[47, 56-58]、基于链路估计的转发[59-62]和基于上下文信息的转发[63-64]。这类转发机制的特点是使用单路径、单消息机制，利用网络状态信

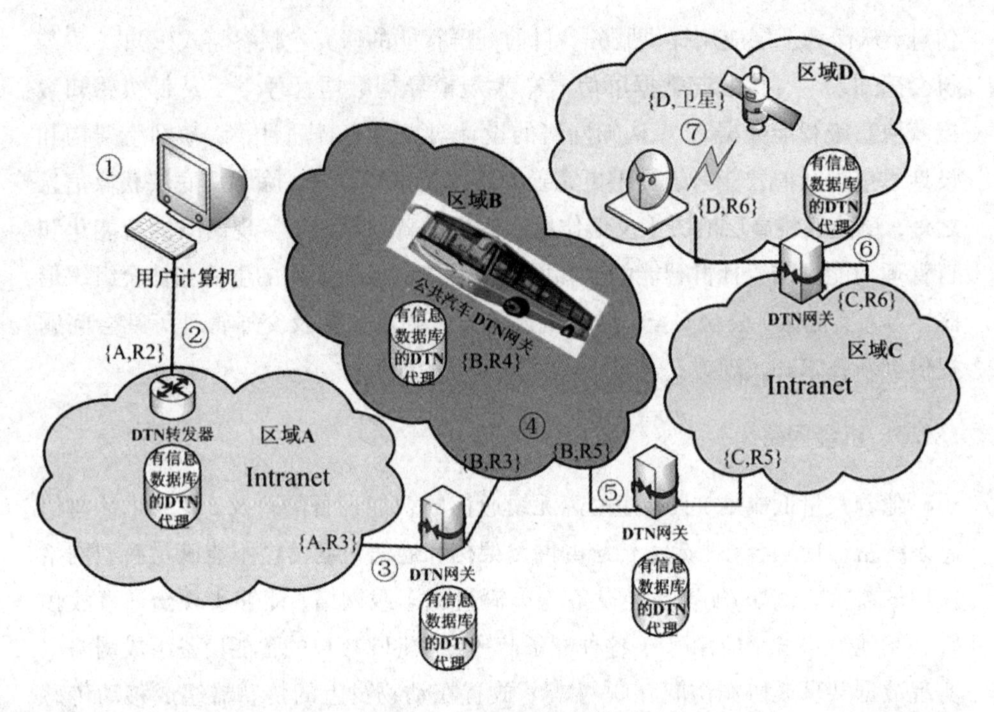

图 1.5　DTN 网络架构

Fig.1. 5　The framework of DTN

息进行分析决策，从而选择下一跳节点。通过适当的估计函数定义每个节点的转发效用值(utility)，该函数的参数可以是相遇预测(meeting prediction)、链路状态(link state)和上下文信息(context)等不同的参数来评估节点转发消息的有用性。当两个节点相遇时，消息从效用值低的节点转发到效用值高的节点，直至目标节点。该机制的缺点是传输延迟相对较大，对于缓存空间的占用较大。冗余效用混合机制[65-69]综合了基于冗余和基于效用的转发机制，每个消息产生多个冗余消息，每个冗余消息按照基于效用的转发策略转发到目标节点，该机制在节点选择上要考虑优化机制，否则也会增加系统的开销。在基于节点主动运动的转发机制[70-72]中，网络中某些节点在部署区域内主动运动来为其他节点提供通信服务，其与节点不存在可用的下一跳邻居节点被动等待连接机会的方式相比，提高了网络的传输速率，但该机制对节点要做出提前规划，这在实际的应用系统中较难控制。

移动节点模型的研究成果主要有独立同分布的理论移动模型[73-75]、基于统计的实际移动模型[76-78]和基于社群的移动模型[79-82]。目前，移动模型的研究都致力于更接近人类的真实移动轨迹，能够进行人类社会活动的分析和预测。

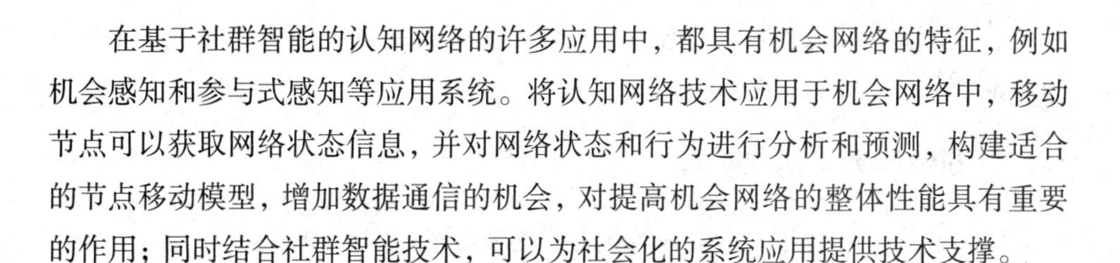

在基于社群智能的认知网络的许多应用中，都具有机会网络的特征，例如机会感知和参与式感知等应用系统。将认知网络技术应用于机会网络中，移动节点可以获取网络状态信息，并对网络状态和行为进行分析和预测，构建适合的节点移动模型，增加数据通信的机会，对提高机会网络的整体性能具有重要的作用；同时结合社群智能技术，可以为社会化的系统应用提供技术支撑。

1.2 问题的提出

1.2.1 背景

认知网络是一个在环境感知的基础上，深度融合了计算、通信和控制能力的可控、可信、可扩展的智能网络系统，它通过计算进程和物理进程相互影响的反馈循环，实现深度融合和实时交互来增加或扩展新的功能，以安全、可靠、高效和实时的方式监测或者控制整体网络系统[9]。

社群智能系统的研究目标是通过设计和实现计算资源与物理资源紧密集成的信息物理空间，来构建个体行为模式和社群动态特征的理论模型。这个理论模型可以应用在多个领域，而不是局限于某个特殊领域。

对于智能交通、移动社交、普适医疗保健、参与式感知和机会感知这一类应用来说，它们的网络特征比较明显，但是由于节点移动、节点稀疏、射频关闭或障碍物造成信号衰减等多种原因，导致网络有时不能完全连通，具有机会网络的特性。因此，将认知网络技术与机会网络通信机制相结合，构建机会认知网络，使网络具有行为认知的能力，从而提高网络连通性，实现网络资源的充分利用。通过认知技术实现网络的管理和通信，在社群智能的基础上实现社会化的系统应用，保证端到端的用户服务质量。

与社群智能相结合的认知网络注重计算资源与物理资源的紧密结合与协调，而目前与认知网络相关的研究主要集中在单一网络层及跨层交互等方面，较少考虑整个网络的计算资源与物理资源的结合，以及相互之间的影响。

因此，为了支持各种认知网络的应用，本书结合社群智能技术，针对认知网络中的数据服务业务，对网络状态和网络行为进行分析和预测，在此基础上开展相关数据分发和路由算法的研究。本书的研究工作将为认知网络的网络行为分析和数据服务提供支撑，将认知网络技术应用于移动社交网络、智能交通

系统、都市遥感系统、参与式感知和机会感知等新一代智能网络中，具有重要的理论意义和实际意义。

1.2.2 研究现状

认知网络的环境下，路由和数据分发是保证网络服务的关键问题之一，也是认知网络研究中的重要领域。在当前网络系统与社会应用互相渗透、相互融合的应用背景下，对于认知网络与社会化应用相结合的问题并没有得到很好的解决。现有的数据分发机制按照消息传输方式的不同大致分为四类：基于洪泛的数据分发机制、基于上下文感知的数据分发机制、基于编码的数据分发机制、基于群组的数据分发机制。

(1)基于洪泛的数据分发机制。文献[83]提出基于洪泛的传染(Epidemic)路由协议，该协议的主要思想是节点会将消息拷贝多份，然后发送给与其相遇的所有节点，只要其中某个节点遇到目的节点，消息就被成功传输给目的节点。所以，传染路由协议可以保证很高的数据传输效率和交付率，但是对节点缓存的管理是一个挑战。文献[84-85]对传染路由进行了改进，主要是控制消息副本数量，尤其文献[85]中提出的Spray and Wait协议是经典的机会式通信协议，其在Spray阶段与传染路由原理相似，但在Wait阶段限制消息副本数量，所以能够进一步地改善网络性能。文献[86]中提出了新的路由算法，即"存储—携带—合作"路由机制和消息传染控制，在数据转发过程中，节点利用直接或两跳合作转发机会并且在合作转发与反应式"存储—携带—转发"之间进行切换，提供了较早的控制信号分布时间和较快的恢复速度。

(2)基于上下文感知的数据分发机制。文献[87-88]是经典的基于上下文感知的数据分发机制，即未来的决策是根据历史的数据作出的。文中根据历史消息对转发概率进行计算，同样控制了消息副本数，减少了网络开销，并且减轻了节点的缓存压力。

(3)基于编码的数据分发机制。近年来，将网络编码集成到无线移动网络方面已经获得了显著的成果，并完成了许多能获得显著的吞吐量增益和可靠性增益的实际实现。文献[89]中提出中继节点使用随机线性网络编码(random linear network coding, RLNC)将机密数据编码的数据分发。在多中继网络中，通过编码，即使存在窃听者，也可以将编码数据发送到目的地。该文献中研究了四种中继选择协议，并涵盖了一系列网络功能，比如窃听者信道状态信息的可用性、选择的中继与故意产生干扰的节点配对的可能性等。对于每种情况，导出编码分组不会被接收方(可以是目的地或窃听者)恢复的概率的表达式。基于这些表达式,提出了计算窃听者截获足够数量的编码分组并且部分或完全恢复机密数据的概率的框架。

(4)基于群组的数据分发机制。由于机会社交网络的主体是人,人具有社会属性并且会自然地形成各种群组,所以如何充分利用人的社会性便成了机会社交网络的重要研究内容之一。文献[90-91]的作者分别提出了经典的数据分发机制 SimBet 和 Bubble Rap,这两种算法均考虑到节点的社会性。随后,很多基于群组的数据分发机制被相继提出。文献[92]考虑到机会社交网络拓扑的动态性,提出在机会社交网络中存在一个嵌套的核心外围层次结构(nested coreperiphery hierarchy, NCPH),即加权度大的一些节点组成网络核心,而网络周边由加权度小且不活跃的一些节点组成,当外围节点被迭代移除时,NCPH仍被保留,并利用网络的这种特征提出一种上下路由协议(即路由分为上传阶段和下载阶段),该路由协议在数据传送和比率方面实现了性能优化,并且具有较低的转发成本。文献[93]中作者提出一种基于社区和社交性的组播数据分发机制,通过引入动态社交特征的概念来捕获节点的动态连接行为,考虑了更多的节点之间的社会关系,采用社区结构来为每个节点选择最佳的中继节点,从而提高多播机制的性能。该文中提出了两种基于社区和社交性的多播算法:第一种是基于社区和社会特征的组播算法(community and social feature-based multicast involving destination nodes only, Multi-CSDO),它只涉及社区发现中的目标节点;第二种被称为 Multi-CSDR(community and social feature-based multicast involving destination nodes and relay candidates),它涉及社区发现中的目标节点和候选中继节点。文献[94]关注于群组的移动性和群组外形,提出一种算法可以根据若干移动设备的移动性及它们所组成的外形,大概率地判断这些移动设备是否是属于一个群组。文献[95]是有关 D2D 通信的研究,它通过判断某一设备进组是否会提升本组吞吐量来进行设备筛选,完成群组构造,提升 D2D 通信的吞吐量等性能指标。

由此可以看出,在认知网络中考虑节点的社会属性和群组结构能够有效地提高数据分发效率,但目前的研究没有考虑节点的多方面社会属性,并且没有考虑由节点不同的社会关系构成的网络拓扑是有区别的,所以导致群组结构单一,群组划分与实际情况差距较大。目前认知网络中的路由和数据分发算法研究包括以下几方面。

基于服务质量的路由算法：在文献[96]中，采用智能优化方法寻找多目标和多约束柔性 QoS 路径。在文献[97]中，提出了一种基于偏爱路径挑选的自选择生物灵感路由算法。在文献[98]中，给出了反应扩散和定额感测生物过程启发的生存性路由算法。类似文献[82，96-98]中利用智能优化和生物启发式等方法进行 QoS 路由算法设计的文章还有很多，它们的主要思想基本一致，这里不再重复。文献[99-101]利用强化学习方法进行 QoS 分布式路由算法的设计，但只考虑了延迟一个 QoS 约束。文献[102-104]利用神经网络和强化学习方法实现分布式路由，初步体现了认知的能力与技术，但就 QoS 约束而言文章同样未给出明确说明。

自适应的数据路由算法：动态因素的变化可能导致路径的性能下降甚至无法使用，因此，数据传输适应网络动态因素的变化对提高网络性能至关重要。衡量网络中路径的质量对于不同的网络和应用有着不同的含义：在支持实时业务的网络中，传输延迟是衡量网络质量的主要标准；在无线网络中，无线节点的能量和无线链路的带宽是首要考虑的因素。由此可见，路由数据适应网络变化没有统一的解决方法，需要针对不同动态因素的改变，制定自适应数据路由的方案。

自适应数据路由通常包括三个阶段：获得可用路径上的节点和链路的可用资源的信息，依据获得的信息评估可用路径上的资源质量，选择最优的路径进行路由数据。路由数据要适应网络资源、应用数据和用户行为的变化，下面介绍几种代表性的适应性机制。

适应网络资源的变化使得传输数据在高品质的路径上进行。AntNet 算法[105]是一种基于移动 Agent 的分布式自适应的最短路径计算方法，它是由节点发出的多个移动 Agent 遍历网络收集信息，并通过一些特殊的通信方式合作，自适应地更新路由表和网络状况的局部模型。节点维护和更新两张数据表：本地路由表和本节点到其他路由节点的距离统计表。

为了适应变化的链路质量，RON(resilient overlay network)[106]节点首先在链路上使用探测数据报文，收集有关延迟和吞吐量的信息，数据经由一条低延迟或高吞吐率的路径进行路由。

iREX(inter-domain resource exchange architecture)[107]为域间的数据传输选择一条带宽较宽和质量较好的路径，以适应可用带宽和域间链路质量的变化。路由数据可在节点和链路之间获得更好的负载均衡，以适应网络资源的变化。

地理和能源感知路由算法(geographical and energy aware routing, GEAR)[108]通过调整一个节点的能量消耗，由不同的节点承担通信负载；iREX 依据域间链路的可用带宽，在不同的域间路径上自适应分配流量负载。

GPSR 路由算法(greedy perimeter stateless routing)[109]使用贪婪算法来建立路由。当源节点向目的节点转发数据分组时，首先在所有邻居节点中选择一个距离目的节点最近的节点作为数据分组的下一跳，然后向该节点传送数据，这个过程将重复执行，直到数据分组到达目的节点或某个最佳节点位置。通过 GPSR 路由算法实现可扩展的路由数据，同时适应连接链路的变化，即由于节点运动、离开或加入该网络引起的节点可用性的变化。

数据传输调度的自适应路由：数据传输调度是指在确认接收节点作为转发数据的下一跳节点之后，源节点需要确定将数据传送到与接收节点连接的链路的最佳时间。由于许多节点会共享同样的链路，源节点只能在链路可用时进行数据的传输，同时源节点还要确认接收节点是否可以接收数据。网络资源、应用数据和用户行为的变化会对数据传输调度的性能造成很大的影响，用不可靠的无线链路进行数据的传输只是对能量的浪费。为了减弱动态因素对数据传输调度的影响，节点必须选择最恰当的数据传输时间，以适应数据传输调度。

自适应数据传输调度包括两个阶段：一是获取网络中网络资源和流量的信息；二是根据信息决定通过链路传送数据的时间。数据传输调度要适应网络资源和应用数据的变化，减少数据传输的延迟。CSDPS(channel state dependent packet scheduling)[110]通过为不同的移动节点维持区分排队，并按照优先级分配高质量的信道。因此，CSDPS 避免分组约束导致的流量拥塞、低链路质量和数据传输延迟。OPSMAC(opportunistic packet scheduling and media access control)[111]则采用多播控制消息和基于优先级的选举方式解决同类问题。

自适应的数据调度技术减少了节点的能量消耗，若该节点没有数据传递和接收任务时，调度节点进入休眠状态。T-MAC 算法(timeout-MAC)[112]根据节点的剩余能量来调整节点的睡眠概率，均匀化网络各个节点的能量消耗。

流量自适应介质(traffic-adaptive medium access, TRAMA)[113]访问 MAC 协议采用邻居协议 NP、调度交换协议(schedule exchange protocol, SEP)和自适应时隙选择算法。采用这些算法能够降低节点的能量消耗，提高传统的 TDMA 机制的利用率。采用邻居协议 NP 的目的是使节点获得一致的两跳内拓扑结构和节点流量信息，因此节点在随机访问周期内必须处于激活状态，竞争使用无线信道，并且周期性通告自己的标识、是否有数据发送请求及一跳内的邻居节点等信息，所有节点要实现时间同步。调度交换协议(SEP)的功能是建立和维护发送者和接收者的调度信息。在调度访问周期内，节点周期性广播其调度信息。节点在调度访问周期内有三种状态：发送、接收和休眠。发送状态是指当且仅当节点有数据发送时的状态，在竞争中具有最高优先级；接收状态是指它是当前发送节点指定的接收方；节点在其他情况下处于休眠状态。节点在调度周期的每个时隙上都需要运行 AEA 算法，其作用是根据当前两跳邻居节点内的节点优先级和一跳邻居调度信息决定节点在当前时隙下的状态。TRAMA 协议比较适合于周期性数据采集和监测无线传感器网络方面的应用。

控制传输速率的自适应路由算法：在数据传输开始之后，源节点需要决定单位时间内需要传递多少数据，即控制传输速率。控制传输速率是非常重要的，由于传输路径、与接收端相连的链路和节点均有能力限制，如果发送的数据超出了这个限制，则将导致数据传输失败。

自适应传输速率的控制通常包括两个阶段：获取有关动态因素变化的信息，这些动态因素影响了网络资源和数据应用，以及根据这些改变来调整传输速率。传输速率的控制也适应网络资源和数据应用的改变。

在无线网络中，如果发送节点能够区分出连接错误和网络阻塞，并自适应地调整，那么连接带宽的应用则会有所提高(即如果数据报文丢失是由网络阻塞造成的，或者数据报文丢失是由于随机的连接错误造成的，那么则降低传输速率)。多种方案已经被提出以区分网络阻塞和连接错误的。例如，在 CARA (collision-aware rate adaptation)[114]中，节点通过监测短期控制数据报文和长期数据报文的传输失败来区别网络阻塞和连接错误的。在 TCP Westwood 中[115]采用了两种不同的传输速率估算算法来区分网络阻塞和随机连接错误。在 RCP (reception control protocol)[116]中，接受节点通过物理层的估算监测到阻塞。通过区别连接错误和网络阻塞，这些配置改善了网络带宽的使用。

在视频组播的应用中，自适应方法能够在可用带宽中调整视频组播的传输速率。例如，在 SAMM(source-adaptive multilayered multicast)[117]中，一个发送节点对视频流进行编码，以适应可用带宽的改变。在文献[118]中，当一个移动接收节点，向一个新的网络移动时，自适应方案通过在一定可用带宽中的变化来调整视频层的传输速率。自适应转换方案定制不同的数据传输速率用于不同的接收节点。通过调整在可用带宽中数据传输速率的变化，这些方案改进了

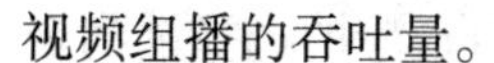

视频组播的吞吐量。

自适应方案广泛应用于阻塞控制中。在应用数据所允许的节点中进行调整，通过降低传输速率以避免网络阻塞。例如，在 CODA(congestion detection and avoidance)[119]中，发送节点通过监测它们的信息查询和遥感负荷信道来监测网络阻塞。经过对网络阻塞的检测，发送节点减低了传输速率，以避免网络阻塞的出现。

本书将在认知网络的环境下，结合社群智能应用，采用网络状态和行为分析预测技术，设计路由和数据分发算法，初步实现网络的可扩展性、生存性和可靠性等特点。

1.3 本书的主要研究内容

在认知网络的架构下，结合社群智能的应用背景，将认知网络技术应用在具有社会性的信息系统中，如机会感知、参与式感知，进行相关热点技术的研究。主要围绕路由和数据分发机制进行算法设计和仿真验证，为认知网络的社会化应用提供技术支撑和解决方案。

1.3.1 主要研究内容

认知网络技术为新一代网络的设计提供了智能性、自适应性和自管理等技术方案，虽然已经取得了一些成果，但是应对网络日益增加的应用需求和网络形态的多样性，尚存在许多挑战性的开放课题亟待研究。作为认知网络应用的重要支撑技术之一，数据传输服务问题直接影响着认知网络应用系统的性能。本书以改善认知网络的数据传输性能为目标，对认知网络中路由和数据分发涉及的热点问题展开了研究，内容涉及认知网络中基于流量预测的自适应路由问题、基于社会关系的移动节点位置预测问题、机会认知网络中基于移动节点行为预测的数据分发问题、基于用户多维行为分析的群组构造问题、基于声望的用户激励和数据分发问题。本书的主要研究内容如下。

(1)认知网络中基于流量预测的自适应路由问题。在认知网络的架构下，设计基于流量预测的认知网络系统结构，考虑认知网络的应用需求和网络元件特性，设计具有实时在线处理能力的流量预测模型。在此基础上，提出了一种选择一条流量负载最小的路径进行数据消息的路由机制；进一步地，从端到端的链路负载和路径长度等网络性能角度出发，提出了一种自适应的选择端到端联合负载最低的路径进行数据传输的路由机制；为了更好地提高认知网络的数据传输性能及均衡整个网络的负载状况，提出了一种基于流量感知的多路径路由算法，通过感知网络中的流量分布和链路的流量负载状态，基于认知网络的流量预测算法构建多路径源路由，有效地提高了数据传输的性能，保证网络的负载均衡。

(2)基于社会关系的移动节点位置预测问题。认知网络技术能够应用在与社群智能相结合的机会网络的应用中，如参与式感知和机会感知应用。在上述网络应用系统中，数据采集和分发问题是非常重要的服务支撑技术。数据的采集和分发需要通过节点移动带来通信的机会来完成，因此节点的移动轨迹分析和预测是解决该问题的关键技术。本书提出了一种基于社会关系的移动节点位置预测算法。该算法采用认知网络技术，通过对采集节点的移动轨迹数据进行分析，采用马尔可夫模型进行位置预测算法的建模。同时，该算法通过分析节点的移动规律，进而挖掘移动节点之间的社会关系，在此基础上优化之前建立的位置预测模型，获得更高的预测准确率。

(3)机会认知网络中基于移动节点行为预测的数据分发问题。由于机会认知网络中节点移动的不确定性，网络拓扑具有的机会性和不确定性，节点之间的数据分发业务不能形成稳定的端到端连接路径，需要采用认知技术实现节点之间有效的数据转发，从而形成端到端的数据分发路径。为保证机会认知网络中的高效数据分发，本书提出了三种适用于机会认知网络的数据分发算法，即分别采用移动节点位置预测、移动节点亲密度预测，以及两者有效的结合机制进行数据分发算法设计。

(4)基于用户多维行为分析的群组构造问题。在机会社交网络中，移动设备之间不通过基站等基础设施而直接通信，并且只有当移动设备处在各自的通信范围内时才能实现通信。移动设备通信范围的重叠时间直接影响移动设备的通信时间和通信质量。考虑移动设备在网络中接收信号量的多少，提出了节点重要性度量方法。本书针对机会社交网络中移动设备的移动性，设计了基于移动轨迹的群组构造方法，通过统计移动设备之间的相遇次数，调整移动设备所属的移动群组。兴趣是用户的一个稳定的行为属性，由兴趣关系构成的网络拓扑几乎是固定不变的，所以本书提出基于兴趣的静态的群组构造方法。通过分析移动设备中存储的文件的内容关键字及其权重，计算用户之间的兴趣相似度。用户之间的通话时间和通话次数直接反映了用户之间的通信关系，考虑到用户之间的通信关系是随时间动态变化的，故在通信关系紧密度的度量方法中引入衰减函数。基于通信关系构成的网络拓扑是动态变化的，本书提出动态的基于通信关系的群组构造方法，在形成初始时刻群组结构的基础上，对每周期网络的变化进行调整。

(5)基于声望的用户激励和数据分发问题。为了保证机会认知网络中数据采集和分发任务的可靠性及降低系统的激励成本，本书提出了一种基于声望的用户激励模型。同时，考虑参与节点提供数据的可靠性和参与者的共谋问题，在保证具有较高声望的节点的持续参与的同时减少系统的激励开销，并在此基础上设计了数据分发算法，确保机会认知网络中数据分发业务的有效性。

1.3.2　创新点

与现有相关研究相比，本书具有如下创新点。

(1)与传统网络中的自适应路由算法不同，本书专注于研究认知网络架构下的自适应路由算法，设计具有流量预测功能的认知网络系统，考虑端到端的网络性能目标，能够实时获取网络状态信息，并进行快速有效的分析预测。本书提出的基于流量预测的单路径路由算法具有较好的自适应性和可扩展性，具有较低的分组传输延迟，使得网络流量负载分布较为均衡。针对网络拥塞和链路实效等突发情况，提出一种多路径源路由算法。该算法在基于认知网络的流量预测系统中，考虑端到端的链路联合负载，采用流量预测模型选择最优主传输路径和备选路径，对网络拥塞或链路失效等突发状况进行预测和防范，保证网络目标的实现，具有低延迟、高传输成功率，同时保证了网络的负载均衡。

(2)与现有的移动节点位置预测算法不同，本书提出的移动节点位置预测算法，将位置预测模型与移动节点的社会属性相结合，为机会认知网络的数据业务提供了有效的技术支撑。该算法首先以马尔可夫模型为基础对移动节点的位置进行预测，然后利用节点之间的社会关系对预测结果进行修正，通过对状态转移矩阵的稀疏化，提高了模型的预测精度，同时具有较低的时间和空间复杂度。

(3)与机会网络中的机会转发机制不同，本书提出的基于移动节点位置预测的生物启发式数据分发算法，基于网络节点行为进行预测，应用认知网络技术实现机会数据分发机制，依据节点位置预测机制和蚁群优化算法选择与目的节点最有可能相遇的节点集合进行数据转发，同时考虑移动设备的缓存管理问题，减少传输开销，延长系统的生命周期。该数据分发机制在平均跳数、传输成功率、传输延迟和传输开销方面具有较好的性能。同时，该算法具有较好的可扩展性，可以将多种网络行为参数作为转发节点的选择依据，从而提高网络的性能和实际适用性；另外，依据实际的网络环境进行部署，采用不同的节点位置预测模型，自适应的调整算法的预测准确率和计算开销。

(4)在机会认知网络系统中，参与节点的可靠性和积极性是机会认知网络能够提供有效服务的保证。本书采用节点的声望衡量节点的可靠性，声望模型的建立考虑数据可靠和竞标可靠两方面的指标，为数据采集和数据分发业务提供真实可靠的服务。同时，建立基于多维反向拍卖的激励机制，保证数量充足的参与节点，保证系统服务的实现。该机制适于实际社群智能系统的部署，对于参与式感知和机会感知系统中的数据采集和数据分发业务具有良好的适用性。

第 2 章　相关理论基础

概率论、人工智能和运筹学等经典理论为科学研究提供了基础模型和技术方案，在本书的研究中采用了上述理论中的模型和方法，并在基本理论的基础上，结合研究目标，进行扩展和改进。本章主要介绍概率论中的马尔可夫模型、人工智能中的蚁群优化算法和运筹学中的拍卖理论。将这些理论改进扩展后应用于本书的算法设计，取得了较好的性能。本书的研究内容中也涉及其他相关理论，这些理论与算法的有机结合，在后续的章节中进行详述。

2.1　马尔可夫预测

马尔可夫(Markov)是俄国著名的数学家，马尔可夫预测模型(Markov forecasting model)是以马尔可夫的名字命名的一种特殊的预测方法，它主要用于市场占有率、销售期望利润等的预测。它是基于马尔可夫链(Markov chain)预测事件发生概率的方法，根据事件目前的状况预测其将来各个时刻(或时期)变动状况的一种预测方法。马尔可夫预测模型是对地理、天气、市场等进行预测的基本方法。

马尔可夫在进行深入研究后指出，对于一个系统，由一个状态转至另一个状态的转换过程中存在着转移概率，并且这种转移概率可以依据其紧接的前一种状态推算出来，与该系统的原始状态和此次转移前的过程无关。一系列马尔可夫过程的整体称为马尔可夫链。马尔可夫过程的基本概念是研究系统的“状态”及“状态的转移”。从一个状态转换到另一个状态的可能性，我们称之为状态转移概率，所有状态转移概率的排列即是转移概率矩阵。

2.1.1　马尔可夫链

假设马尔可夫过程 $\{X_n, n \in T\}$ 的参数集 T 是离散的时间集合，即 $T=\{0,$

$1, 2, \cdots\}$，其相应 X_n 可能取值的全体组成的状态空间是离散的状态集 $I=\{i_1, i_2, \cdots\}$。

定义 2.1 设有随机过程 $\{X_n, n \in T\}$，若对于任意的整数 $n \in T$ 和任意的 $i_0, i_1, i_2, \cdots, i_{n+1} \in I$，条件概率满足

$$P\{X_{n+1}=i_{n+1} \mid X_0=i_0, X_1=i_1, \cdots, X_n=i_n\}=P\{X_{n+1}=i_{n+1} \mid X_n=i_n\} \tag{2.1}$$

则称 $\{X_n, n \in T\}$ 为马尔可夫链，简称马氏链。

式(2.1)是马尔可夫链的马氏性(或无后效性)的数学表达式。由定义知

$$\begin{aligned}
& P\{X_0=i_0, X_1=i_1, \cdots, X_n=i_n] \\
=& P\{X_n=i_n \mid X_0=i_0, X_1=i_1, \cdots, X_{n-1}=i_{n-1}\} \cdot \\
& P\{X_0=i_0, X_1=i_1, \cdots, X_{n-1}=i_{n-1}\} \\
=& P\{X_n=i_n \mid X_{n-1}=i_{n-1}\} P\{X_0=i_0, X_1=i_1, \cdots, X_{n-1}=i_{n-1}\} \\
=& P\{X_n=i_n \mid X_{n-1}=i_{n-1}\} P\{X_{n-1}=i_{n-1} \mid X_{n-2}=i_{n-2}\} \cdots P\{X_1=i_1 \mid X_0=i_0\} \\
& P\{X_0=i_0\}
\end{aligned}$$

可见，马尔可夫链的统计特性完全由条件概率 $P\{X_{n+1}=i_{n+1} \mid X_n=i_n\}$ 所决定。

2.1.2 转移概率

条件概率 $P\{X_{n+1}=j \mid X_n=i\}$ 的含义为系统在时刻 n 处于状态 i 的条件下，在时刻 $n+1$ 系统处于状态 j 的概率。它相当于随机游动的质点在时刻 n 处于状态 i 的条件下，下一步转移到状态 j 的概率，记此条件概率为 $p_{ij}(n)$。

定义 2.2 称条件概率 $p_{ij}(n)=P\{X_{n+1}=i_{n+1} \mid X_n=i_n\}$ 为马尔可夫链 $\{X_n, n \in T\}$ 在时刻 n 的一步转移概率(其中 $i, j \in I$)，简称为转移概率。

定义 2.3 若对任意 $i, j \in I$，马尔可夫链 $\{X_n, n \in T\}$ 的转移概率 $p_{ij}(n)$ 与 n 无关，则称马尔可夫链是齐次的，并记 $p_{ij}(n)$ 为 p_{ij}。本书只讨论齐次马尔可夫链，通常将齐次两字省略。

设 $\boldsymbol{p}$ 表示一步转移概率 p_{ij} 所组成的矩阵，且状态空间 $I=\{1, 2, \cdots\}$，则

$$\boldsymbol{p}=\begin{bmatrix} p_{11} & p_{12} & \cdots & p_{1n} & \cdots \\ p_{21} & p_{22} & \cdots & p_{2n} & \cdots \\ \vdots & \vdots & \cdots & \vdots & \cdots \end{bmatrix} \tag{2.2}$$

称为系统的一步转移概率矩阵，它有以下性质：

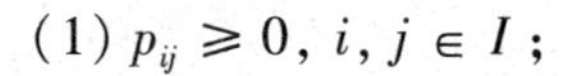

(1) $p_{ij} \geqslant 0,\ i, j \in I$；

(2) $\sum_{j \in I} p_{ij} = 1,\ i \in I$。

通常称满足上述(1)和(2)性质的矩阵为随机矩阵。

定义 2.4　称条件概率 $p_{ij}^{(n)} = P\{X_{m+n} = j \mid X_m = i\}$，$(i, j \in I,\ m \geqslant 0,\ n \geqslant 1)$ 为马尔可夫链 $\{X_n,\ n \in T\}$ 的 n 步转移概率，并称 $\boldsymbol{p}^{(n)} = (p_{ij}^{(n)})$ 为马尔可夫链的 n 步转移矩阵，其中：

(1) $p_{ij}^{n} \geqslant 0,\ i, j \in I$；

(2) $\sum_{j \in I} p_{ij}^{(n)} = 1,\ i \in I$。

即 $\boldsymbol{p}^{(n)}$ 也是随机矩阵。

当 $n=1$ 时，$p_{ij}^{(1)} = p_{ij}$，此时一步转移矩阵 $\boldsymbol{p}^{(1)} = \boldsymbol{p}$。此外我们规定：

$$p_{ij}^{(0)} = \begin{cases} 0,\ i \neq j \\ 1,\ i = j \end{cases}$$

定理 2.1　设 $\{X_n,\ n \in T\}$ 为马尔可夫链，则对任意整数 $n \geqslant 0,\ 0 \leqslant l < n$ 和 $i, j \in I$，n 步转移概率 $p_{ij}^{(n)}$ 具有下列性质：

(1)
$$p_{ij}^{(n)} = \sum_{k \in I} p_{ik}^{(l)} p_{kj}^{(n-l))}；\tag{2.3}$$

(2)
$$p_{ij}^{(n)} = \sum_{k_1 \in I} \cdots \sum_{k_{n-1} \in I} p_{ik_1} p_{k_1 k_2} \cdots p_{k_{n-1} j}；\tag{2.4}$$

(3)
$$P^{(n)} = PP^{(n-1)}；\tag{2.5}$$

(4)
$$P^{(n)} = P^{n}。\tag{2.6}$$

证明：

(1)利用全概率公式及马尔可夫性，有

$$\begin{aligned} p_{ij}^{(n)} &= P\{X_{m+n} = j \mid X_m = i\} = \frac{P\{X_m = i,\ X_{m+n} = j\}}{P\{X_m = i\}} \\ &= \sum_{k \in I} \frac{P\{X_m = i,\ X_{m+l} = k,\ X_{m+n} = j\}}{P\{X_m = i,\ X_{m+l} = k\}} \cdot \frac{P\{X_m = i,\ X_{m+l} = k\}}{P\{X_m = i\}} \\ &= \sum_{k \in I} P\{X_{m+n} = j \mid X_{m+l} = k\} P\{X_{m+l} = k \mid X_m = i\} \\ &= \sum_{k \in I} p_{ij}^{(n-l)}(m+l) p_{ik}^{(l)}(m) = \sum_{k \in I} p_{ik}^{(l)} \cdot p_{kj}^{(n-l)} \end{aligned}$$

(2)在(1)中令 $l = 1,\ k = k_1$，得 $p_{ij}^{(n)} = \sum_{k_1 \in I} p_{ik_1} p_{k_1 j}^{(n-1)}$，这是一个递推公式，可递推下去即得出式(2.3)。

(3)在(1)中，令 $l=1$，利用矩阵乘法可得。

(4)由(3)，利用归纳法可证。

定义 2.5 设 $\{X_n, n\in T\}$ 为马尔可夫链，称 $p_j=P\{X_0=j\}$，$p_j(n)=P\{X_n=j\}$，$(j\in I)$ 为 $\{X_n, n\in T\}$ 的初始概率和绝对概率，并分别称 $\{p_j, j\in I\}$，$\{p_j(n), j\in I\}$ 为 $\{X_n, n\in T\}$ 的初始分布和绝对分布。简记为 $\{p_j\}$，$\{p_j(n)\}$，称概率向量 $P^{\mathrm{T}}(n)=(p_1(n), p_2(n), \cdots)$，$(n>0)$ 为 n 时刻的绝对概率向量，而称 $P^{\mathrm{T}}=(p_1, p_2, \cdots)$，$(n>0)$ 为初始向量。

定理 2.2 设 $\{X_n, n\in T\}$ 为马尔可夫链，则对任意整数 $n\geqslant 1$，$j\in I$，绝对概率 $p_j(n)$ 具有下列性质：

(1)
$$p_j(n)=\sum_{i\in I}p_ip_{ij}^{(n)}; \tag{2.7}$$

(2)
$$p_j=\sum_{i\in I}p_i(n-1)p_{ij}; \tag{2.8}$$

(3)
$$P^{\mathrm{T}}(n)=P^{\mathrm{T}}(0)P^{(n)}; \tag{2.9}$$

(4)
$$P^{\mathrm{T}}(n)=P^{\mathrm{T}}(n-1)P。 \tag{2.10}$$

证明：

(1)
$$p_j(n)=P\{X_n=j\}=\sum_{i\in I}P\{X_0=i, X_n=j\}$$
$$=\sum_{i\in I}P\{X_n=j\mid X_0=i\}P\{X_0=i\}=\sum_{i\in I}p_ip_{ij}^{(n)}$$

(2)
$$p_j(n)=P\{X_n=j\}=\sum_{i\in I}P\{X_{n-1}=i, X_n=j\}$$
$$=\sum_{i\in I}P\{X_n=j\mid X_{n-1}=i\}P\{X_{n-1}=i\}=\sum_{i\in I}p_i(n-1)p_{ij}$$

(3)式(2.9)与式(2.10)分别是式(2.7)与式(2.8)的矩阵形式。

定理 2.3 设 $\{X_n, n\in T\}$ 为马尔可夫链，则对任意 $i_1, \cdots, i_n\in I$，$n\geqslant 1$，有

$$P\{X_1=i_1, \cdots, X_n=i_n\}=\sum p_ip_{ii_1}\cdots p_{i_{n-1}i_n} \tag{2.11}$$

证明：由全概率公式及马氏性有

$$P\{X_1=i_1, \cdots, X_n=i_n\}=P\{\bigcup_{i\in I}X_0=i, X_1=i_1, \cdots, X_n=i_n\}$$
$$=\sum_{i\in I}P\{X_0=i, X_1=i_1, \cdots, X_n=i_n\}$$
$$=\sum_{i\in I}P\{X_0=i\}P\{X_1=i_1\mid X_0=i, \}\cdots P\{X_n=i_n\mid X_0=i, \cdots, X_{n-1}=i_{n-1}\}$$

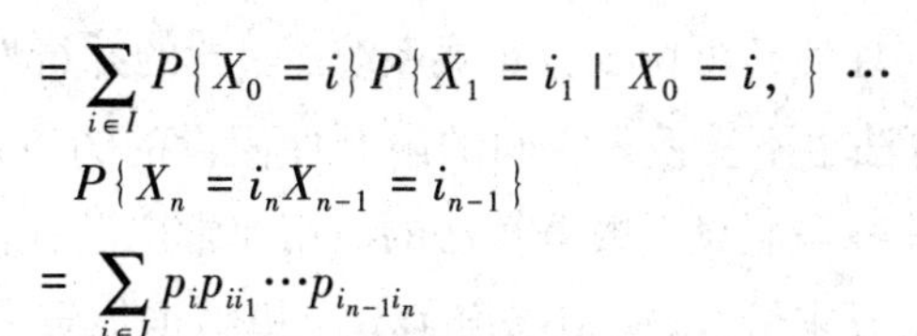

$$= \sum_{i \in I} P\{X_0 = i\} P\{X_1 = i_1 \mid X_0 = i,\} \cdots P\{X_n = i_n X_{n-1} = i_{n-1}\} = \sum_{i \in I} p_i p_{ii_1} \cdots p_{i_{n-1}i_n}$$

认知网络能够获取网络状态信息，根据网络的状态信息进行分析，从而作出行为决策，马尔可夫模型为网络状态的分析和预测提供了数学模型，本书在移动节点位置预测机制中运用马尔可夫基本模型，以及改进模型实现节点位置状态的初步预测，取得了较好的效果。

2.2　群体智能优化算法

2.2.1　概述

传统的优化方法主要是运筹学中线性规划、博弈论等方法，是在约束条件下实现最优化目标函数的解集。其基本步骤：首先选择适合的初始解，然后使用迭代算法不断地逼近最优解。其中，主要使用的迭代方法有线性规划的单纯算法和非线性规划的基于梯度的各类算法。传统的优化方法具有局限性，主要表现在从单一解开始进行迭代计算的效率较低；停止条件是局部最优解，难以获取全局最优解；对目标函数和约束函数的要求限制了算法的应用范围。

针对传统方法的不足，不断改进优化算法，改进的方法有：设置宽松的约束条件和目标函数，优化的结果可以产生于计算过程的任何阶段，对数据质量的要求宽松化。之后，相继出现了新的优化方法，包括遗传算法、禁忌搜索算法、模拟退火算法、蚁群优化算法、粒子群优化算法、捕食搜索算法、人工鱼群算法等。

这些算法涉及人工智能、生物启发式算法、种群模型演化等方面。其中，蚁群优化算法、粒子群优化算法、人工鱼群算法具有生物群体特征的生物启发式算法，被称为群体智能优化算法。在机会认识网络的数据分发机制中，本书采用群体智能优化算法中的蚁群优化算法对数据分发机制中的相关模型进行优化。

2.2.2　蚁群优化算法

蚁群算法是基于生物界群体启发行为的一种随机搜索寻优方法，它的正反馈性和协同性使其可用于分布式系统，隐含的并行性更使其具有极强的发展潜力，蚁群算法也不受搜索空间的限制性假设的约束，不必要求诸如连续性、导数存在和单峰等假设。蚁群算法的应用非常广泛，通过由候选解组成的群体的进化过程来寻求最优解，比遗传算法、模拟退火算法等有更好的适应性。蚁群算法在组合优化、人工智能、网络通信等很多领域得到了应用，其在动态环境下也有很高的灵活性和健壮性，如其在网络路由控制方面的应用被认为是目前较好的算法之一。

2.2.2.1　蚁群优化算法的基本思想

生物学家研究发现，蚂蚁觅食行为是一个群体行为，生物界中的蚂蚁能够在没有任何可见提示下找出从蚁穴到食物源的最短路径，并且能够随环境的变化去搜索新路径，产生新选择。其基本思想是，蚂蚁在寻找食物时，会在其走过的路径上释放一种信息素，信息素承载着路径状态信息，蚂蚁在行进过程中能够感知这种信息素的存在和浓度，浓度越高，表示对应的路径越短，使蚂蚁倾向于向信息素强度高的方向爬行，并释放一定的信息素，增强该路径上的信息素浓度，形成正反馈机制；最终，蚂蚁能够找到一条从蚁穴到食物的最短路径。生物学家同时发现，路径上的信息素浓度会随着时间而逐渐挥发。

蚁群算法最重要的特点就是创造性地使用了启发信息。其用于解决优化问题的基本思路：蚂蚁的行走路径表示待优化问题的可行解，所有蚂蚁的行走路径集合构成解空间。较短路径上，蚂蚁释放的信息素浓度较高，随着时间推移，较短路径上积累的信息素浓度逐渐增高，选择该路径的蚂蚁数也随之增多。最终，在正反馈机制的作用下，蚂蚁群体将集中到最佳的路径上，此路径即为待优化问题的最优解。

2.2.2.2　蚁群优化算法的系统模型

下面以求解 n 个城市的旅行商问题为例来说明蚁群优化算法的模型。蚂蚁 $k(k=1, 2, \cdots, m)$ 在运动过程中，根据各条路径上的信息量决定转移方向：

$$p_{ij}^{k}(t)=\begin{cases}\dfrac{\tau_{ij}^{\alpha}\ \eta_{ij}^{\beta}}{\sum\limits_{s\in allowed_k}\tau_{ij}^{\alpha}\ \eta_{ij}^{\beta}},\ j\in allowed_k \\ 0,\ 其他\end{cases} \tag{2.12}$$

其中，$allowed_k=\{0, 1, \cdots, n-1\}-tabu_k$，表示蚂蚁 k 下一步允许选择的位置。与实际蚁群系统中不同，人工蚁群系统具有一定的记忆功能，这里用 $tabu_k$，$k(k=1, 2, \cdots, m)$ 记录蚂蚁 k 以前走过的位置。随着时间的推移，以前留下的信息素将逐渐消失，用参数 ρ 表示信息素消失程度。经过 n 个时刻，蚂蚁完成依次循环。各路径上信息素的调整如下式：

$$\tau_{ij}(t+n)=\rho\tau_{ij}(t)+\Delta\tau_{ij}\ ,\ \tau_{ij}=\sum_{k=1}^{m}\Delta\tau_{ij}^{\ k} \tag{2.13}$$

其中，$\Delta\tau_{ij}^{\ k}$ 表示第 k 只蚂蚁在本次循环中留在路径 ij 上的信息量，$\Delta\tau_{ij}$ 表示在本次循环中留在路径 ij 上的信息素。

针对蚂蚁释放的信息素问题，相关研究给出了三种模型，其数学模型如下所示：

(1) Ant cycle system 模型

$$\Delta\tau_{ij}^{\ k}=\begin{cases}\dfrac{Q}{L_k}, & \text{若第 } k \text{ 只蚂蚁在本次循环中经过 } ij\\ 0, & \text{其他}\end{cases} \tag{2.14}$$

其中，Q 是常数，表示蚂蚁循环一次所释放的信息素总量；L_k 表示第 k 只蚂蚁在本次循环中所走路径的长度。在初始时刻 $\tau_{ij}(0)=C(\text{const})$，$\Delta\tau_{ij}=0$，其中，$i,j=0,1,\cdots,n-1$。根据不同算法 $\tau_{ij}(t)$，$\Delta\tau_{ij}$ 与 $p_{ij}^{k}(t)$ 也不同。停止条件可以控制循环次数或者当进化趋势不明显时停止计算。这是一个递归过程很容易在计算机上实现。

(2) Ant quality system 模型

$$\Delta\tau_{ij}^{\ k}=\begin{cases}\dfrac{Q}{d_{ij}}, & \text{若第 } k \text{ 只蚂蚁在本次循环中经过 } ij\\ 0, & \text{其他}\end{cases} \tag{2.15}$$

(3) Ant density system 模型

$$\Delta\tau_{ij}^{\ k}=\begin{cases}Q, & \text{若第 } k \text{ 只蚂蚁在本次循环中经过 } ij\\ 0, & \text{其他}\end{cases} \tag{2.16}$$

在上述三种模型中，第一种模型采用整体信息：ant cycle system 模型利用蚂蚁经过路径的整体信息，计算释放的信息素浓度；后两种模型中运用的是局部信息：ant quality system 模型则利用蚂蚁经过路径的局部信息，计算释放的信息素浓度；ant density system 模型则简单地将信息素释放的浓度取值为恒值，并没有考虑不同蚂蚁经过路径长短的影响。通常采用第一种模型作为基本模型，即蚂蚁经过的路径越短，释放的信息素浓度越高。

2.2.2.3　蚁群优化算法的建模过程

基于上述数据模型，对蚁群优化算法进行建模需要经过以下步骤，如图

2.1 所示：

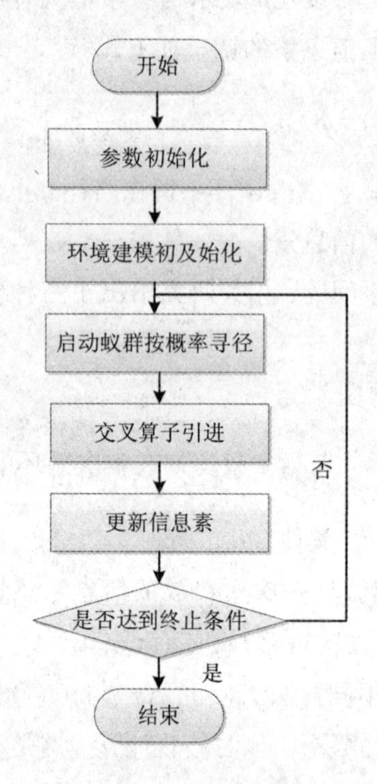

图 2.1 蚁群优化算法的建模过程

Fig.2.1 The modeling process of ACO

(1)参数初始化。计算开始，对参数进行初始化，如设置时间 t 和循环次数 N 为 0，蚂蚁数量为 M 和最大迭代次数 $N_{\max}$，信息素重要程度因子 α，启发函数重要因子 β，信息素挥发因子 ρ，信息素总量 Q。

(2)启动蚂蚁按概率寻径。将各蚂蚁随机的置于蚁穴初始点，按式(2.13)计算每只蚂蚁访问下一个城市的概率，并随机选择下一个路径点，若此路径点到其相邻路径点的路径上的信息素值均为 0，则回馈到上一个搜索的路径点。重复步骤(2)，直到所有蚂蚁到达目的地点，即食物源所在地。

(3)交叉算子引进。对蚁群搜索到的路径进行交叉运算，记录全局最优蚂蚁的路径信息。

(4)更新信息素。根据式(2.12)和式(2.13)更新各条路径上的信息素。

(5)判断是否终止。若蚁群全部收敛到一条路径或达到最大循环次数，则循环结束，输出最佳路径，否则反回步骤(2)。

蚁群算法采用正反馈的机制，使得搜索过程不断收敛，最终接近最优解。

通过信息素来体现对周围环境的认知，采用分布式计算方式，多个体并行计算，提高计算效率，该算法易于找到全局最优解。在本书中，将蚁群优化算法应用于认知网络的机会数据转发中，取得了较好的效果。

2.3　拍卖理论

拍卖是一种历史悠久且广为人知的交易方式，传统的拍卖是以买家在现场相互竞价的形式进行。电子商务的发展使拍卖概念得到极大延伸，它不仅保留了传统的拍卖方式，还将其延伸到普通商品的交易中，同时在信息技术的支持下还出现了许多创新的拍卖形式。

2.3.1　正向拍卖

正向拍卖(forward auction)就是指传统的拍卖方式，其根据竞价策略不同又被分为英式拍卖、荷兰式拍卖、“集体”议价、密封式拍卖等形式。英式拍卖是最常见的拍卖方式。它是一种公开的增价拍卖，即后一位出价人的出价要比前一位的高，到达竞价截止时间的最高出价者可获得竞价商品的排他购买权。荷兰式拍卖是一种公开的减价拍卖，多适合于大库存量的产品销售。在线荷兰式拍卖与传统荷兰式拍卖方式不完全相同，它并不要求一定以减价的方式报价，其交易规则是出价高者获得优先购买权；对于相同报价者，出价在先者获得优先购买权，最后以所有中标人中的最低报价成交。“集体”议价是一种不同于传统拍卖的网络拍卖类型，多适用于 C2B 的形式。商家将商品的基础价格(初始价)公布，然后开放给消费者报价和下订单，消费者的报价可以低于基础价，但有一定限制，在某个购买期内销售量越大，价格就会走向越低，最后购买者以所有中标人的最低价成交。这是一种类似量折扣的销售形式，使个人消费者也能享受到批发的价格，是团购的一种变形。密封式拍卖是指买主只有一次报价机会的拍卖，竞价者相互之间不知道对方的报价，也称为静默拍卖。报价最高者获得购买权，但成交价有两种模式，一种就是以最高报价成交；另一种模式是以第二高价成交，这种模式又称为 Vickrey 拍卖。

2.3.2　反向拍卖

反向拍卖(reverse auction)是相对正向拍卖而言的，又叫拍买或逆向拍卖。

它是指消费者可以提供自己所需的产品、服务需求和价格定位等相关信息，由商家之间以竞争方式决定最终产品、服务供应商，从而使消费者以最优的性能价格比实现购买，多应用于B2B，G2B。招标、团购都可以使用反向拍卖机制。

在正向拍卖中，卖方(供应商)处于主导地位，具有最终的选择权利，而买方只有出价权。随着市场条件的不断变化，一些商品进入买方市场，买方的地位不断上升，在交易中逐渐占据主导地位。在这种背景下，反向拍卖模式应运而生，而互联网应用的深入则为反向拍卖提供了一个更具效率的平台。采购方可以利用互联网进行采购招标，接受报价邀请的供应商在预定的时段内通过互联网实行异地、远程、实时地竞价投标，直到确定出最低价格，并通过综合评定来选出最终的一名或几名供应商中标，这种通过网络进行信息流传递的采购模式被称为“网上反向拍卖”。

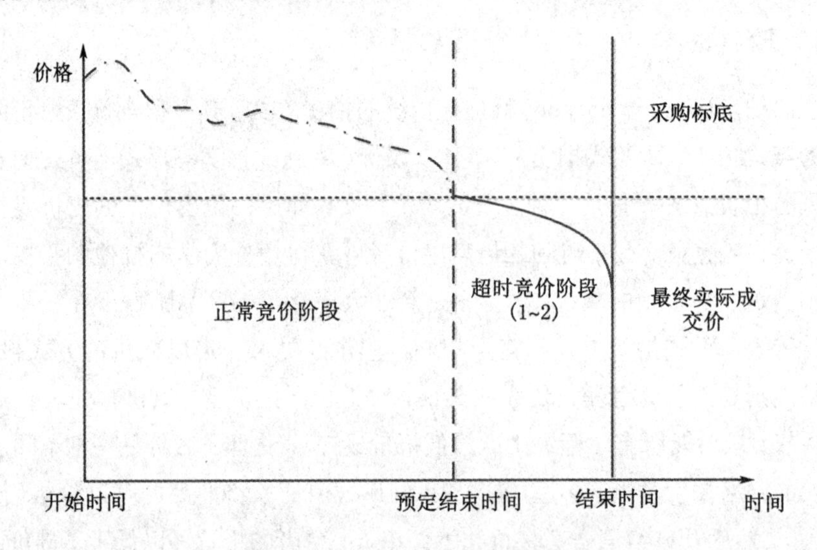

图 2. 2　在线反向拍卖竞拍流程

Fig.2. 2　The process of online reverse auction

反向拍卖的竞拍流程如图 2. 2 所示。在竞拍阶段，服务商根据预先设定的规则对供应商的首轮报价进行加权评测，从中选出若干名供应商参加网上实时的逆向拍卖。通常竞价标底的起价是根据采购方的历史采购数据来确定，也有可能是略低于这个历史采购数据的某个值。拍购开始时，通常会给出一个不限制时间的正常出价阶段，在这个时段中，供货商有充足的时间来考虑是否跟进出价及出价的多少。等正常出价阶段过后，便进入到超时竞价阶段。这个时间段通常只有 1~2 分钟，供货商必须在一个很短时间内决定自己是否进一步报价，如果超过这个时间还没有进一步的更低出价，则拍购宣告结束。在整个竞拍过程中，采购方通过监控端可以监视到所有投标方的实时报价情况，包括报价时间、报出价格、报价次数等，而各个供应商既不知道其他竞价者是谁，又不知道竞价者的数量，他们能看到的只是不断降低的最新报价。但是价格最低者并不一定是最终获胜者，市场经纪人会选出价格较低的 3~5 名供应商，然后根据预先设定的规则进行加权评定，最后交由采购商来确定最终获胜者。在执行阶段，买卖双方将交易中的权利、所承担的义务、对所购买物品的种类、数量、价格、交货地点、日期、交易方式、违约和索赔等条款以合同形式确定下来。签订合同可以在网上进行，也可以采取书面形式，实体交易过程则一般通过传统方式完成。

相对于传统采购模式(正向拍卖)，采购商通过反向拍卖可以获得更低的采购价格，从而降低采购费用。在理论上，应用传统的采购招标模式，采购商并不一定能够获得最优的采购价格，而在反向拍卖模式中，供应商在规定的时间里根据竞争对手的情况进行反复竞价，竞争的激烈程度大大高于传统的采购模式，因而有利于采购商降低采购成本。同时，实时竞价、自动评标等机制也大大提高了采购的效率，有效降低了交易成本。

在认知网络的社会化应用系统中，资源配置和服务提供都需要消耗一定的成本，在资源有限需要竞争获取资源的研究背景中，算法设计引入反向拍卖机制，可以有效利用各种网络资源，提高网络和应用的效率。本书在基于声望的激励机制中采用了反向多维拍卖模型，有效地节约激励成本，并取得了较好的数据服务质量。

2.4　机会网络

2.4.1　机会网络信誉管理

由于机会网络的分布式特性，节点必须相互协作才能支持机会网络的性能。但由于自组织性与资源的不足，网络中的节点可能为了个人利益而表现出自私或恶意行为，例如拒绝转发数据包、数据包丢弃和数据包篡改等。因此，在机会网络中建立信誉管理系统变得十分必要，以允许节点与其他可信任节点进行合作。信誉管理通过对节点行为的收集，为信誉建立与信誉计算提供依据，通过节点之间的交互，在网络中建立信赖关系。信誉在分布式机会网络中非常重要，其中网络功能依赖于节点之间的协作。而在机会网络中，存在一些自私节点通过丢弃数据包来节省自身资源，有些自私节点甚至拒绝转发数据包。为了限制自私节点的行为，需要建立信誉管理系统。信誉管理系统综合管理信誉，惩罚自私、恶意行为，鼓励网络中节点的合作。

机会网络与其他传统网络不同，机会网络的拓扑是随时间不断变化的，并且具有网络资源有限、通信范围有限等特点。机会网络的特点：降低数据成功传送概率，增加数据成功传送时间，增大网络开销，由于机会网络自私节点的存在，进而降低了网络性能。因此，机会网络的信誉管理主要是针对自私节点行为的信誉评估。机会网络信誉管理中针对自私性有三个核心概念，它们分别是自私行为、自私节点、自私检测。下面将介绍这些相关概念。

机会网络中的节点不会轻易表现出自私性，有以下两种原因使节点表现出自私性。

(1)由于机会网络资源的限制，节点会表现不转发数据包或者丢掉数据包的自私行为。因为节点需要占用自身有限的缓存空间与有限的能量协助其他节点转发数据包，所以一旦没有利益驱使，节点就会产生自私行为。

(2)每个用户节点都有一些隐私信息，例如用户的身份、用户地址、用户信誉级别等相关信息，因此如果没有任何安全保护措施，用户节点不会冒着暴露隐私信息的危险，协助其他用户节点转发数据包，这时节点容易产生自私行为。

根据自私行为产生的原因，自私节点分为以下两类。

(1)局部自私性。节点没有能力协助其他节点转发数据包，表现出不积极参与数据包的转发、丢弃数据包等行为。由于节点自身资源的有限性而表现出的自私行为，是局部自私性。

(2)全局自私性。受限于不同的全局属性，全局机会网络中的用户节点拥有不同的社会地位，不同用户节点之间拥有不同的社交关系。由于多方面的限制，用户节点不愿意转发给没有社交关系或者不处于相同社会地位的用户节点，这是全局自私性。

由于机会网络中节点在多种因素影响下表现出各种各样的自私行为，因此需要使用监控机制来检测节点行为、限制自私节点行为，从而综合提高网络性能。下面简单介绍三种节点检测方式。

(1)自主检测。在机会网络中，节点通过不断移动与其他节点相遇，每对节点的相遇信息(如节点之间的相遇情况、节点之间的合作情况等)都会存储在节点的相遇记录表中。一旦相同节点对再次相遇时，根据记录表的信息判断节点的合作性与自私性。从而进行自我检测。

(2)依据声誉检测。每个用户节点维护一个声誉值，一旦声誉值低于阈值，就认为该用户节点是自私节点。对声誉值需要进行计算与管理，声誉值的高低体现了用户节点行为，通过节点检测评估节点声誉值，并对声誉进行综合管理。为了全面评估节点行为，不仅需要考虑周围邻居节点，还要考虑多跳节点。在声誉评估时，将声誉分为直接声誉与间接声誉。

(3)基于货币检测。在使用虚拟货币的机会网络中，节点可以分为富裕节点和贫困节点。一般来说贫困的节点更容易表现出自私性，但是由于贪婪，富裕的节点也可能表现出自私性。可以采用基尼系数定理与齐夫定律，判定富裕节点的自私行为。通过对节点的监听，使用哈希表判断节点是否为富裕节点，富裕节点自私行为的表现是虚拟货币巨减。

依据节点检测的范围可以分为两类：① 在一跳广播范围内，将监控信息直接发送到一跳转发范围，因为这些节点可以直接监视邻居节点，从而可以为信誉的建立提供依据。② 在 k 跳广播范围内，节点可以使用有限的洪泛，限制监控信息跳过特定的距离。

2.4.2　机会网络激励策略

近年来，越来越多的无线移动设备加入网络，移动设备逐渐进入通信的主体。基于蓝牙或 Wi-Fi 等短距离传输无线技术，移动节点可以在环境中随机实现传输，无须任何基础设施。在这种环境中，端到端路径不可用或不稳定。机会网络使用户能够以存储携带与转发方式实现相互通信。未来遇见机会的预测是机会网络中路由协议的关键问题，消息转发本质上依赖于节点之间的协作。在大多数现有的路由协议中，节点在路由进程中的参与被授权。然而，节点在现实中可能是自私的，以便节省他们的有限资源，如电力、存储和带宽，或保护他们的私人信息，如身份、位置和消息内容等。许多研究表明，少部分自私节点可以严重影响消息转发比例。

为了处理自私的节点和刺激节点的合作，需要激励机制。由于网络间断频繁，制约因素有限，延误时间较长，机会网络发展激励机制极具挑战性，基于信誉的激励机制依赖于识别行为不好的节点，并根据节点的信誉记录将其从网络中排除。节点可以通过为其他人转发数据包来建立良好的信誉记录，并在传输自己的数据包时获得更高的优先级。信誉在行为不当时降低，当其声誉降低到阈值以下时，会检测到并排除不良信誉节点。

2.4.2.1　基于信誉的策略

基于信誉的激励策略主要包括两种方式：一种是惩罚机制，通过监控机制监控节点行为，当发现自私节点时，采取相应的惩罚措施，以此激励自私节点；另一种是奖励方式，采用不同方式对待不同信誉的节点，以此激励节点。

自私节点的检测过程如图2.3所示。如果节点S给节点D发送数据包，但是节点S首先碰见了节点A，节点S就会希望节点A成为下一跳节点帮助自己将数据包转发给节点D，当节点A被检测为自私节点时，机会网络中其他节点都不会转发给节点A数据包了，但是数据包可以被作为中继节点的节点A继续转发，以增加节点A的声誉。当节点A的声誉值大于阈值时，该节点就不再是自私节点了，通过这种惩罚方式，来激励自私节点积极参与数据包转发。

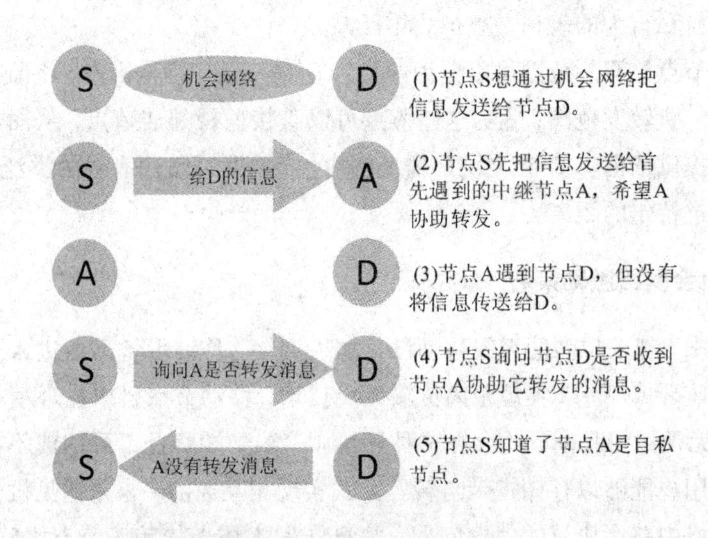

图2.3　自私节点的检测过程

Fig.2.3　The process of detection selfish node

基于声誉的激励策略虽然能够激励节点之间的协作，但是在一些特殊环境中还需要综合其他因素。通过对节点进行社区划分，设计将信誉与社区结合起来的激励策略。基于社区的分层模型如图2.4所示。

当两个节点机会式相遇时，首先判断是否在同一社区，如果在不同的社区内则采用不同的信誉计算方法。信誉的计算方式主要根据不同社区之间或者不同节点之间成功消息投递率。在判定节点之间是否投递成功时，可以使用信誉

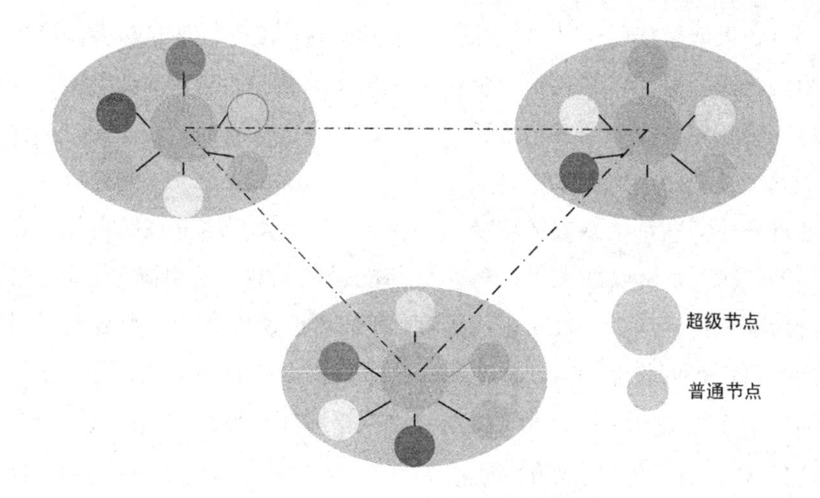

图 2.4　基于社区的分层模型

Fig.2.4　Community-based hierarchical model

表，信誉表里包括消息的传送时间、消息的剩余生存时间、接收节点和发送节点的社区地址及一些隐私信息。当节点之间成功投递数据时，接收节点将信誉表转发给发送节点，发送节点根据信誉表计算接收节点的信誉值。同一社区节点的信誉计算综合考虑直接信誉与间接信誉，如果两个节点是直接通信，那么就计算直接信誉值；如果两个节点是间接通信，那么计算的信誉就是间接信誉值。当节点的信誉值低于阈值时，其他节点与其相遇时就将该节点列入黑名单 T 分钟，如果同一自私节点再次列入黑名单，其惩罚时间以倍数增长。不同社区节点计算信誉值综合考虑节点社区内的信誉值和节点社区间的信誉值。节点社区内信誉值是社区内其他节点的信誉值的均值，每个社区都有一个超级节点，社区内所有节点的信誉值都被存储在这个超级节点内。不同社区节点依据超级节点的信息计算信誉值。一般社区内的节点相遇频繁，而社区间的节点相遇没有那么频繁。

2.4.2.2　基于博弈的策略

博弈理论是指在一个可能相互冲突的具体行动情境中，模拟决策者必须做出选择。博弈理论通常用于经济学，而在过去几年中，也被应用于竞争环境中的网络。博弈由一个主体和一组有限的玩家 $N=\{1, 2, \cdots, n\}$ 组成。每个玩家选择一个策略 S_i，以使效用 U_i 函数最大化。

基于博弈激励策略可以采用三轮博弈模型。第一轮博弈时，首先发送方 A 给出用来购买转发服务的价格，作为接收方的下一跳节点 B 判断给出的价格是否合理。如果能够接受，双方就进行交易；如果不接受，双方就进行第二轮博弈。第二轮博弈时，节点 B 给出价格，节点 A 判断是否合理，如果不接受该价格就进入第三轮博弈。第三轮博弈时，节点 A 给出最后的价格，此时不允许节点 B 竞价。

通过三轮博弈都给双方节点带来一些余地，机会网络存在的自私节点由于增加了博弈次数，所以加大了传输时延与能量的消耗，结果降低了网络性能。为了降低随着博弈次数增加带来的影响，我们可以使用衰减系数 α 。通过第一轮博弈节点获得的收益为 I_1，通过第二轮博弈获得的收益为 I_2，通过使用衰减系数后获得的收益为 αI_2。博弈双方增加一轮博弈，双方获得的收益就衰减 α 倍，只有当第一轮博弈后双方的收益 I_1 大于第二轮博弈后双方的收益 αI_2，才不进行第二轮博弈。因为有衰减函数的作用，所以每多一轮博弈，双方的收益都会衰减，因此双方很少进入第三轮博弈。通过这种激励方式能够限制自私节点对网络性能的影响。

博弈一般包括非合作博弈与合作博弈。在非合作博弈中，每个玩家选择策略与他人协作；在合作博弈中，玩家尝试通过合作达成协议，玩家可以选择相互讨价还价，这样他们可以获得最大的利益。在博弈理论中，纳什均衡是一个涉及两个或两个以上玩家的博弈的解决方案，其中没有玩家可以单方面改变自己的战略。均衡策略由玩家选择，以最大化所有人的收益。当玩家做出决定时，它可以使用某一策略或者混合策略。如果玩家的决策是确定性的，则被认为是使用单一策略。如果使用分布率来描述玩家的决策，则应使用混合策略。

2.4.2.3　基于交易的策略

与前面两种激励策略不同，基于交易的激励策略不需要信誉管理中心，而直接在节点之间进行交易，实现节点的激励。

当节点想要获取感兴趣的信息时，通过向其他节点提供数据包作为交换，来激励节点参与机会网络协作，简单来说就是物-物交换[120]。

在基于交易策略中，一张包含用户节点感兴趣的信息表被存储在每个节点中，当两个节点在彼此的通信范围时，列表被交换，节点根据列表里面的信息对消息价值进行评估。不同节点之间的相遇概率不同，可以根据指数分布描述节点相遇概率，依据节点之间成功转发次数与失败转发次数评估不同节点间的合作性。不同数据包有不同的内容，那么节点如何选择呢？节点能够根据消息的内容进行选择，感兴趣的内容优先级就较高，不感兴趣的内容相应优先级较低，节点可以根据自己的兴趣选择想要转发的数据包。节点的缓存空间一般是有限制的，所以节点会优先选取感兴趣的数据包进行存储。当有新节点加入网络时，首先可以免费获得一些数据包；当缓存满了，节点可以使用这些数据包与其他节点交换以获取更感兴趣的消息。然而自私节点可以不断加入网络，以获取更多免费的数据包，可以使用监控机制监控节点免费获得数据包的数量，通过这种方式限制自私节点行为。虽然通过这种方式可以激励自私节点，但是激励策略是在节点完成传输后断开连接的条件下进行的，实际情况中并没有考虑通过节点短暂地接触影响数据包的传输。

为了应对不同实际情况的问题，不仅可以考虑一跳节点间的信息评估，还可以考虑多跳节点间的信息评估，一般考虑的范围是 3 跳节点。不同激励策略，数据包信息的评估方式不同，信誉评估分为五个步骤：① 两个节点 a、b 相遇时，彼此之间交换信息；② 当两个节点都获得对方的信息后，节点 a 首先将自己的控制信息更新，将交换来得信息存储在一个列表里面，根据节点 b 的信息建立信息内容价值；③ 节点 a 根据节点 b 的兴趣爱好为消息信息赋予不同的价值，然后依据价值度，优先缓存价值较高的信息；④ 节点 b 进行内容订阅，存储价值较高的信息以提升自身的价值；⑤ 完成交易后，双方都进行消息更新。

考虑消息交换和商品交换之间的相似性，在基于转发概率的路由中，将消息从具有较低传送概率的节点传送到具有较高传送概率的节点，就像在市场里，商品从一个具有较低的估计价值的人转到另一个具有较高估计价值的人。通过使用议价理论来解决概率路由中的数据转发问题。

综上所述，三类激励方案都有各自的优缺点：

(1)基于信誉的激励策略主要通过评估节点的信誉值，根据信誉值的不同区别对待节点。主要通过两种方式：① 惩罚策略，对信誉值低的自私节点采取一些惩罚机制；② 鼓励策略，节点为了获得最大利益，能够不断提高自己的信誉值。优点：能够确定自私节点，从根本上解决和惩罚自私节点。缺点：需要信誉中心或大量节点对信誉值进行维护，算法复杂，对节点能力要求比较高，并且节点的开销较大。

(2)基于交易的激励策略主要通过节点之间提供等量的内容作为交易筹码，对内容的价值进行评估，进行等价交易。优点：要求公平的服务标准，比较容易实现；不需要确定固定的节点、安全硬件和信誉中心，扩展性大。缺点：

节点之间进行交易时，对交换内容的数量有很高的限制，比较难达到平衡。

(3)基于博弈论的激励策略中，节点之间使用博弈理论，并且使用虚拟货币作为节点参与数据分组转发的奖励，鼓励自私节点参与数据分组转发。主要通过两种方式：① 积极参与获得虚拟货币，购买自己感兴趣或者对其有价值的数据分组；② 赚取货币，为自己数据分组购买转发服务。优点：算法简单，容易实现。缺点：需要对货币进行清算管理，需要大量节点合作共同创建信用银行；扩展性不大，存在位置特权问题。

2.5 社交网络

2.5.1 概述

社交网络(social network)[121]可简单地称为由社会关系所构成的网络结构。社交网络首次出现于社会学理论，指的是由多个社会成员通过相互通信而组成的具有某种特定关系的集合。这种关系比较广泛，可能是亲属或朋友，也有可能是具有共同兴趣爱好或信仰的社会成员。社交网络的主体是人，社交网络研究的关键问题就是分析人与人之间的各种关系与交互，而人们之间的关系会直接影响人们的社会行为。随着网络的发展，网络社交平台不断涌现，像以前的人人网和现在的微博、微信，这些社交平台把人们从线下的社交转移到线上的社交，来自全国甚至全球的人们通过这些平台联系起来，组成线上的社交团体，并进行一些活动。社交已不仅仅局限于和身边人交往，所以社交网络的范围变得更大、更广。

社交网络具有以下三点基本特征。

(1)著名的小世界原理。著名的六度分割原理指出：在人类的社会交往中，人与人之间的平均联系只要通过六个人就能够被建立起来，这反映出了人类社会中存在的隐含的必然联系。这一理论在机会社交网络中同样适用，并且利用小世界原理，能够有效地控制路由的跳数。

(2)社区特性。由于人与人之间具有社会关系，这种社会关系一般而言比较稳定持久，所以使人们聚集到特定的组织中，这种组织就是“社区”。社区的结构对机会社交网络的性能影响巨大，所以对社区的研究具有重大意义。

(3)中心性。社交网络中成员的角色是有区别的，有的成员角色非常重要，

影响力度非常大，我们就称其中心性高；而有的成员比较低调，其中心性就比较低。比如，在社交平台上很多普通人都会关注名人，名人在消息传播过程中起着重要的作用，所以名人在社交网络中的影响力就大，其中心性就相对较高。

2.5.2　社交网络分析

社交网络分析(social network analysis，SNA)是对社会实体之间的关系及对这些关系的模式和含义进行分析。在社交网络中，人是社会的主体，所以社会实体指的是人。人与人之间的关系是多种多样的，包括从人出生就注定的亲情关系，在人的成长过程中建立的同学关系、朋友关系，后期发展的同事关系，等等。社交网络分析即通过数学、图论等方法来定量分析人与人之间的这种社会关系。社交网络分析方法已经广泛应用在心理学、社会学、通信科学和数学等很多学科领域。

社会实体之间的关系是社交网络的重点分析方向。社会实体之间的关系是不属于任一个实体，而是属于这一对实体，比如两个人之间的通信量是两个人关系的一部分，而不属于其中某个人的固有特征。所以，测量社交关系的基本单位是一对实体，而不是针对某一个实体。实体之间的相关关系是主要的，实体的属性则是次要的。

下面介绍构成社交网络中的几个核心要素[122]：

(1)行动者(actor)。指个人、群体或组织。

(2)关系连接(relational tie)。实体之间联系的类型和范围是非常广泛的，联系就是建立了一对行动者之间的连接，比如物资资源的流动、朋友之间的互动、公路或桥梁形成的自然连接、生物之间的血缘关系或血统。

(3)二元图(dyad)。二元图是两个行动者之间建立的联系，所以这种联系从属于这两个行动者。二元关系是网络分析的基础。

(4)三元图(triad)。由三个行动者所构成的关系。三元图存在于更大的行动者子集中，许多重要的社交网络分析方法已经在重点分析三元图。

(5)子群(subgroup)。由行动者及他们之间的关系构成的子集。

(6)群体(group)。其相互关系将被测量的所有行动者的集合。

(7)关系(relationship)。群体成员间某种类型的联系的集合称为关系。比如一间教室中同学之间的关系，一个公司内同事之间的关系，两个国家之间的外交关系，等等。

社交网络分析法可以从多个不同角度对社交网络进行分析[123]，下面介绍

一些重要的社交网络分析角度：

(1)中心性。中心性是用来刻画个人或组织在社交网络中的影响力，包括个体中心度和网络中心势。个体中心度是用来描述个体的重要性，比如一个人在整个组织中的权利大小，或者在组织中处于一个怎样的核心地位。而网络中心势是用来描述整个网络中个体的差异程度，所以网络中心势只有一个值。

(2)凝聚子群。通俗讲，凝聚子群是一群关系非常紧密的行动者集合。网络可以是一个单一的凝聚集合，也可以有多个凝聚子群，这就涉及子群聚集程度的度量和凝聚子群之间关系的度量等社会网络分析问题。

(3)核心—边缘结构。网络中节点的地位是不同的，位于核心地位的节点被称为核心节点，位于边缘地位的节点被称为边缘节点。核心—边缘结构分析的目的就是如何进行划分及划分结果如何。多种社会网络都存在核心—边缘结构，如国家之间的贸易网络、家族关系网络等。

由社交网络分析的思想，得到机会社交网络中最重要的两个基本概念：

(1)朋友关系。朋友关系是我们生活中普遍存在又非常重要的关系，人几乎不可能活在独自一个人的世界，我们需要朋友来分享快乐、分担痛苦。俗话说“物以类聚，人以群分”，朋友之间通常具有某些共同特征，比如性格相投、兴趣爱好相似等。朋友关系也是一种相对稳定的关系，通常，大家会和自己的好朋友有长达几年甚至几十年的来往。但是，不排除经过长时间的分离后，朋友之间的联系越来越少，关系慢慢变淡。在机会社交网络中，朋友关系得到扩展，不仅指现实生活中的朋友，也指陌生人之间由于兴趣相似或社会属性相似而构成的“朋友”关系，这类关系也是机会社交网络中研究的重点，将挖掘出更多人与人之间隐藏的关系。

(2)社交团体。现实生活中，社交网络中的用户往往会聚集在某种组织中，比如在同一个公司工作的同事，或者一个小区里的邻居，他们或者是社会属性相同，或者是朋友关系，或者具有相似的兴趣爱好，这样就可以把社交网络中具有某些共同属性的个体集合起来看成一个社交团体。团体内部的用户之间有大量的信息交流，通信比较频繁，而团体之间的交流相对稀疏。

2.6 机会社交网络

以往的机会网络只考虑节点的移动性，而没有考虑到节点的移动性很大程度上是由其携带者——人的移动性来决定的。所以，为了更加贴近现实，机会社交网络的概念被提出。机会社交网络是在机会网络中考虑了节点的社交性，将机会网络和社交网络进行融合。所以机会社交网络具有机会网络与社交网络的特点，即节点之间的通信不是完全机会式的，而是融入了社交的因素。因为机会网络的组成设备几乎都是手持移动设备，那么手持移动设备就被赋予了人的社会性。处在各自通信范围内的一些移动设备不是完全偶然地聚在一起，而是由人的社会性所决定的。比如，人每天都会在固定的时间从家到公司，或从宿舍到教室，所以晚上便和家人或室友聚在一起，白天便和同事或同学聚在一起。因此，分析节点之间的社交性为研究机会社交网络中的数据分发机制提供了一定的理论依据。

图 2.5 是机会社交网络通信示意图，节点 A，B，C 代表手持移动设备，当节点 B 接收到节点 A 发来的数据包时不会立即进行转发，而是存储一段时间。然后，节点 B 携带消息进行移动，在移动的过程中碰到合适的节点才进行转发。该示意图说明了在机会社交网络中，节点在携带消息的过程中根据其与其他节点的社交关系进行选择性转发。

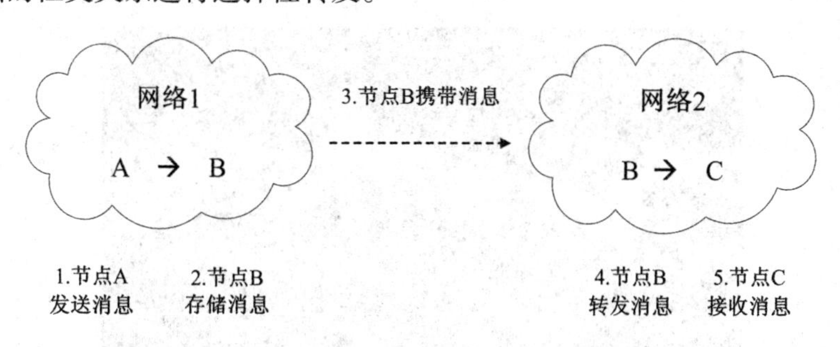

图 2.5　机会社交网络通信示意图

Fig.2.5　The communication schematic of the opportunistic social network

2.7　社区发现

2.7.1　概述

一般认为网络中的社区是由相似属性的个体组成。现实社会中存在大量这样的例子，比如同小区的住户、同学校的学生、朋友、一个公司的员工等，这些群体可以看作是社区。而网络的兴起让群体变得更开放，人们之间的联系已经不限于实际生活中，陌生人之间因为具有相似的爱好而有了联系或组成网络上的群体。所以，社区的概念已从单纯的现实生活中搬迁到互联网上，如百度贴吧、人人网等一些虚拟的在线社区。

由于机会社交网络中节点具有社会性，由节点之间的社会关系形成的社交团体对消息的传播有着重大的影响。研究发现，节点的移动性和社会性对机会社交网络的拓扑结构变化，以及对网络中移动用户行为的预测都有着重要的理论意义和广阔的应用前景[124]。文献[125]中作者将社区定义为一个聚类实体，实体内的节点比实体间的节点关系更加紧密。社区发现的目的就是将节点进行聚类，通过分析节点的属性和节点之间的关系，将节点划分为不同的群组，位于同一个群组内的节点具有相似的属性或者关系比较紧密。由此可见，网络中的社区结构有助于提高消息的转发效率，挖掘社区结构具有重要的作用和意义。

图 2.6 给出了一个社区结构示意图，颜色相同的节点聚集在一起且联系紧密，属于同一个社区，而社区之间界限比较明显且联系比较稀疏。

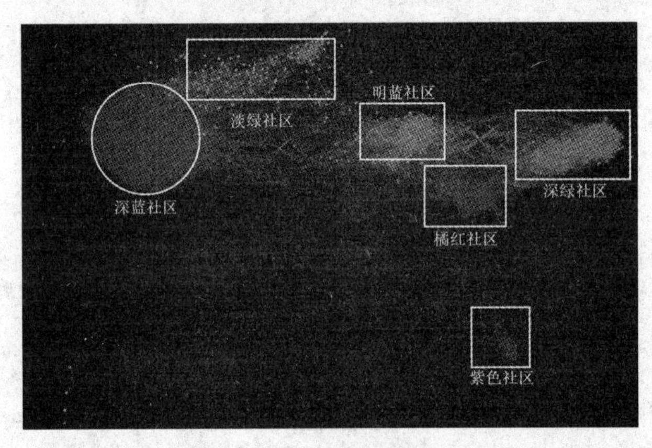

图 2.6　社区结构示意图

Fig.2.6　An example of community structure

2.7.2　典型社区发现算法

社区发现算法已被应用在很多领域，比如医学、生物学和计算机科学等。现实生活中的许多系统都可以被描述成复杂网络或图，系统中的实体可以用网络中的节点来表示，而实体之间的联系可以用网络中的边表示。社团结构有助于研究这些复杂网络，下面从五个方面介绍当前主要的社区发现算法。

（1）图分割法。早期的社区发现是从图分割开始的。文献[126]中作者 Girvan 和 Newman 提出 GN(Girvan Newman)算法是非常经典的图分割法。图分割法要求预先设定子图的大小和数量，但是实际情况是我们并不知道子图究竟有多少个，而且子图不可能大小相同。虽然文献[127]提出了一些方法来避免这种问题，但是这些方法还是基于将图划分为大小相等的子图，并且图分割法是一个 NP 问题，所以这仍是个具有挑战性的问题。

（2）分层聚类法。分层聚类法的关注点是如何定义两个节点之间的相似度，从而将社交网络进行自然的划分，而不去关注网络到底能被划分为多少个社区。每个节点都会计算网络中所有节点与自己的相似度，具有高相似度的节点被划分到同一个社区。分层聚类法分为分裂算法和凝聚算法两大类。文献[128]中提出了一种用于从网络中识别社区结构的分裂谱方法，该方法首先利用稀疏操作来对网络进行预处理，然后使用重复的谱平分算法将网络划分为社区。稀疏操作使得社区边界更加清晰和锐利，从而使重复的谱平分算法能从稀疏网络中精确地提取出高质量的社区结构。该方法将谱平分算法成功运用在稀疏网络中，在网络社区结构检测方面比其他方法更有效。文献[129]中作者在 2008 年提出的一个多层次贪婪层次合并算法(fast unfolding)是典型的凝聚算法。该算法分为两个阶段：在第一个阶段，所有的节点被标记为不同的社区，然后节点根据模块度来进行节点的合并，形成初始的社区；第二阶段进行社区的合并。图 2.7 是 fast unfolding 算法的示意图。

（3）基于模型的方法。基于模型的算法依赖于一种学习模型。文献[130]提出一种典型的基于模型的算法——标签传播算法(label propagation algorithm, LPA)。对于 LPA 算法来说，不需要提供网络的任何参数，而仅仅需要考虑网络的结构，所以算法相对简单快速和高效。除此之外，该算法也不用事先定义社区的大小和数量。该算法主要分为三个步骤：首先将网络中所有节点分别赋予一个唯一的标签，然后每个节点通过统计相邻节点的标签来更新自己的标签，最后将具有相同标签的节点划分到同一个社区。

（4）混合方法。混合方法是将前面的几种方法进行结合。文献[131]中作者提出了一种利用用户的个人信息来进行在线社交网络的社区发现算法。利用个人资料信息，我们可以构建更多的网络，并将这些网络与朋友关系形成的网络进行结合。然而，目前因为网络中存在很多干扰信息，所以有些有用的信息

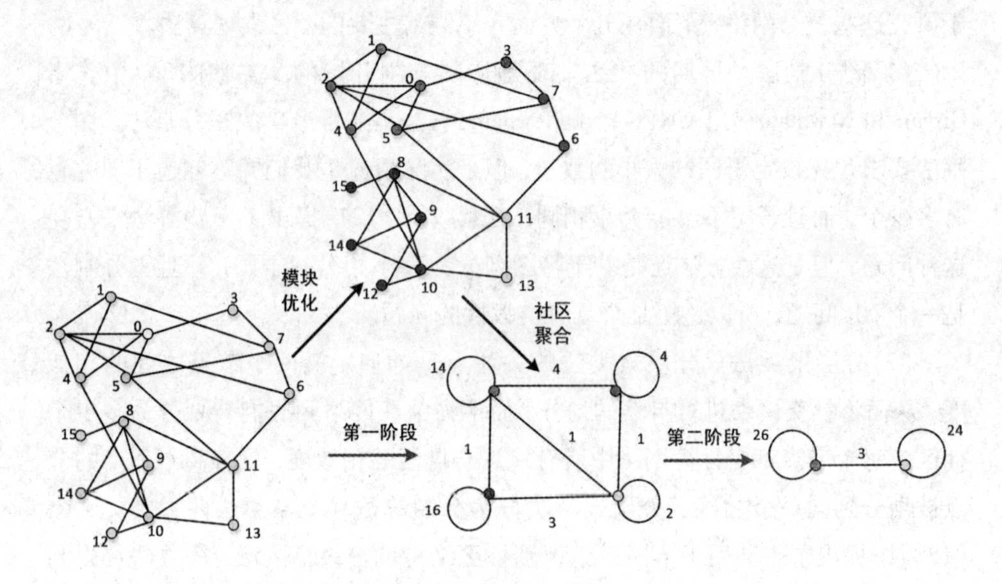

图 2. 7　Fast unfolding 算法示意图

Fig.2. 7　An example of the steps of the fast unfolding algorithm

没有被发现，导致用户的信息还没有被充分利用起来。文献[132]的作者提出一种图聚类算法。该算法利用网络的密度和吸引度来进行聚类，并且适用于加权网络，包括节点权重和边的权重，算法中将用户的核心度定义为节点权重，用户的吸引力定义为边的权重。除此之外，社团数量是由算法得出的，而不用预先指定，这就为社区发现算法提供了极大的灵活性。

(5)动态社区发现。以上几种方法都是静态社区发现方法，而现实中很多网络拓扑是动态变化的，所以很多动态社区发现算法被相继提出。文献[133]考虑随时间变化的图的序列所代表的动态网络，研究存在边缘缺失情况下社区检测算法的鲁棒性和准确性。文中假设网络的演变可以提供一些其他信息来抵消缺失的数据。为了证实假设，设计了一个实验框架来模拟缺失的数据并比较所发现的社区。其用两种方法来发现社区：一种是适合动态网络的基于张量分解的算法，另一种是能够处理简单图的传统社区发现算法。该算法表明当呈现复杂的社区结构时，适合于动态网络的方法的性能最好。

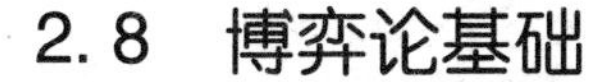

2.8　博弈论基础

2.8.1　博弈的概念

博弈论(game theory)也称对策论,《孙子兵法》是我国乃至世界最早的一部经典博弈论著作。早期的博弈论在经济领域发展比较快也比较成熟，有很多经济博弈论的著作被出版，后来才被应用在社会学、计算机科学等领域。文献[134]中将博弈论的定义概括为博弈论是一种策略选择理论，博弈的参与者在彼此之间存在互相冲突的利益要求或在彼此互相影响的条件下进行最优化的策略选择。

博弈论体现在我们生活中的方方面面，下面举个简单的例子来直观描述博弈论的情形。比如，一家服装生产商必须为这个季度的服装进行定价，这就需要他在高价与低价之间作出选择。在作出选择的过程中，他需要参考以前的服装价格或者竞争对手的服装价格来采取最大化定价策略，不过更可靠的还是根据对这个产业的一些知识来对服装的价格进行预测。更重要的是，该服装生产商知道其他服装生产商定价时是根据对市场环境的预测来作出选择的，而这其中就包括该服装生产商自己的价格。所以对该服装生产商来说，如何定价可以使自己的利润最大化就是其与其他生产商的博弈问题。但在很多情况下，博弈的目的不仅仅使单个个体的收益最大，更重要的是使整个团体的收益最大化。

目前，博弈论的发展越来越受到各界学者的高度关注，在经济、政治、军事和计算机等很多领域都得到广泛应用。

2.8.2　合作博弈论

在博弈的演化过程中，参与人发现，如果只进行一次博弈，那么只选择对自己有利的行动是正确的；但是进行多次博弈后，有时候当作出利他行为时，双方都会得到收益，并且这种收益远远高于仅一次博弈的收益。这时，参与人便会选择相互合作，从而提高整个团体的收益，这就是合作博弈的来源。合作博弈是指双方达成了共同遵守的合作协议，该合作协议对双方所选择作出的行动具有约束力。在合作博弈中，参与者不一定都会作出合作行为，这时候会有一个惩罚机制来对参与者作出惩罚。

经典的“囚徒困境”是一个非合作博弈的情形，表 2.1 是囚徒困境对策表，表中的数值代表囚徒坐牢的年数。

表 2.1　囚徒困境对策表

Tab.2.1　The prisoner's dilemma game table

	坦白	抵赖
坦白	2, 2	0, 5
抵赖	5, 0	1, 1

在该博弈中，每个囚徒在不知道对方所做的决策时，都会选择坦白，因为当自己坦白时，不管对方是坦白还是抵赖，自己受到的惩罚都是较轻的。但是可以看到，都选择抵赖时，两个囚徒受到的惩罚是最轻的，所以在多次博弈后，囚徒之间会形成一种默契，即都选择抵赖。

合作博弈适用于机会社交网络中节点之间的协作转发情形，节点会因为自身资源受限而作出自私行为，同样也会受到惩罚，当多次博弈后，节点会发现选择合作比不合作获得的收益增多，从而规避节点的自私行为。

2.8.3　博弈论模型

一个最简单最基本的博弈包括以下三个要素：

(1)局中人(players)。也就是参与人的集合，参与人可以是个人或组织。

(2)策略集合(strategies)。在博弈的过程中可能采取的行动集合。策略必须是完整的，要针对其他局中人可能采取的所有行动而作出全部的计划。

(3)支付(payoffs)。支付是对局中人的每一个选择赋予的一个数值。一般而言，对于局中人来说，支付越高结果就越好，所以支付是选择策略的根本依据。需要注意的是，当局中人作出利他行动时，也应得到支付。

我们将博弈论中的基本要素与机会社交网络的组成元素进行对应，如表 2.2 所示。

表 2.2　博弈基本要素与机会社交网络组成元素的对应关系

Tab.2.2　The corresponding relation between the basic elements of game and the components of opportunistic social networks

博弈基本要素	机会社交网络组成元素
局中人	网络中的节点
策略集合	转发消息或拒绝转发消息等动作
支付	网络的性能参数：如消息传输成功率、延迟等

2.9　本章小结

本章介绍了本书的研究工作所涉及的理论基础，包括概率论、人工智能和运筹学等方面的理论知识。具体介绍了马尔可夫的基本模型、群体智能算法中的蚁群优化算法、拍卖理论、机会网络、社交网络、机会社交网络、社区发现和博弈论基础，这些基础理论为本书的研究内容提供了数据模型和解决思路。针对本书的研究问题，本书对上述基础理论模型进行了改进和扩展，取得了较好的研究成果。

第 3 章　认知网络中基于流量预测的自适应路由算法

认知网络被认为是智能的新一代网络通信系统，能够感知网络当前的状态和行为，为实现端到端的目标而作出自适应性的决策。本章提出适用于认知网络的三种路由算法：最小网络负载路由算法（minimum workload routing algorithm，MWR）、自适应性流量预测路由算法（adaptive traffic prediction routing algorithm，ATPRA）和流量感知多路径路由（efficient traffic aware multi-path routing，ETAMR）。

3.1　引言

认知网络能够感知网络环境的变化，根据网络资源的可用性作出迅速的反应，通过使用从网络中获取的网络历史状态知识和当前状态执行相应的行为，从而实现整个网络端到端的目标。认知网络具有智能性和自适应性，能够感知网络状态，通过对当前状态和历史状态进行学习及推理，从而完成特定的目标。基于认知网络的架构，本章首先提出了一种最小网络负载路由算法（MWR），该算法基于流量预测模型，估计网络中链路的流量信息，从而选择一条流量负载最小的路径进行数据消息路由。通过扩展 MWR，本章还提出了自适应性流量预测路由算法（ATPRA），同时考虑流量负载和路径长度，通过调整流量阈值，自适应的选择一条联合负载最小的路由路径，通过仿真验证了 ATPRA 在传输延迟、丢包率和网络拥塞方面具有较好的性能。为了解决网络流量的负载均衡，更好地适应网络状态的变化，本章提出了基于流量预测模型的多路径路由算法（ETAMR），该算法采用基于最小均方差（minimum mean square error，MMSE）的流量预测模型构建流量状态矩阵，预测链路上的流量负载，从而选择传输延迟最小及流量负载最小的路径作为主路径，同时根据实时的链路流量负

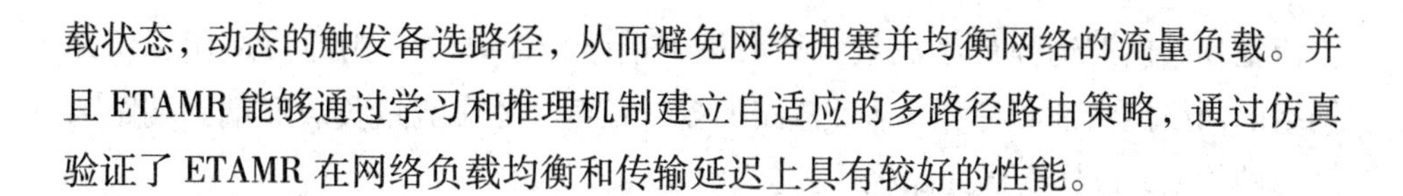

载状态，动态的触发备选路径，从而避免网络拥塞并均衡网络的流量负载。并且 ETAMR 能够通过学习和推理机制建立自适应的多路径路由策略，通过仿真验证了 ETAMR 在网络负载均衡和传输延迟上具有较好的性能。

3.2 相关工作

认知网络是一种智能化的通信系统，具有对网络环境感知和理解的能力，通过学习和推理对用户端到端的目标作出相应的行为决策，从而优化整个网络的性能。可以理解为认知网络能够对环境变化和资源变化进行动态的行为响应[1]。网络流量性能是非常重要的网络性能参数，流量的感知和预测能够决定网络配置，实现端到端的性能目标。基于流量的路由决策机制能够使数据转发更好地适应网络环境的实时变化。认知能力有利于在复杂多样的网络性能中进行权衡，从而实现整个网络性能的最优化，例如网络的认知能力能够平衡网络的能耗利用率和应用效率。具有认知功能的网络节点，具有感知网络环境、自适应地执行相应行为的能力，从而提高网络的性能。认知网络技术应用于很多的研究领域，包括信息物理系统、机会网络、普适计算等。认知网络关键技术中最核心的技术是学习和推理。认知过程是基于负反馈控制环路的，不仅是传统的 OODA 控制环路，还集成了学习和推理的过程。认知路由机制与传统的路由算法不同之处在于其核心技术是基于智能分析和学习机制的路由策略。

3.2.1 单路径路由算法

目前网络中的路由算法按照性能优化的目标，可以分为两大类：基于距离向量(distance vector，DV)的路由算法和基于链路状态(link state，LS)的路由算法。距离向量路由主要考虑如何更新路由信息维持从源端到目的端的最短路径[135]。链路状态路由通过管理整个网络的状态信息，计算网络性能开销，从而选择基于最优化目标的从源端到目的端的路径。在认知网络架构下，能够实现网络状态信息的采集和管理，适用于网络状态实时变化的网络系统，DV 路由算法在网络拓扑动态变化的网络系统中，存在负载过重，传输超时等性能问题。因此，本章提出基于链路状态的路由算法适用于认知网络的应用系统。本章提出的单路径路由算法是最小网络负载路由算法(MWR)和其扩展算法自适应性流量预测路由算法(ATPRA)。根据网络流量负载的变化状态，MWR 会基于流量预测模型选择最小流量负载的端到端路径，ATPRA 则通过适用于认知网络的网络流量预测模型，估计链路的流量负载，考虑流量负载和端到端距离开销的均衡，选择最优的路径。

3.2.2 多路径路由算法

多路径路由算法是保证网络数据传输和负载均衡的关键技术。多路径路由机制有助于实现网络端到端的目标，减少路由重建过程的网络开销。例如，为了保证网络的性能，当前的需求目标是减少网络能耗，则可将当前的路由路径切换至能耗最低的链路，从而降低当前网络的能耗；或者需求目标是保证网络的负载均衡，则可将当前的路由路径切换至流量负载较低的链路，从而实现网络的负载均衡。目前主要有两类多路径路由机制：可选择的多路径算法(alternate multi-path algorithm)[136] 和并行多路径算法(parallel multi-path algorithms)[137-139]。可选择的多路径算法是一种同时维持多条备用路径的机制，在主路径路由实效的情况下，可依据网络优化目标选择合适的备用路径来完成网络服务。并行多路径路由是一种按需建立路由路径的机制，可以避免过多的网络开销，其适用于无线移动网络等资源受限类型的网络。上述多路径路由算法的研究都存在建立新路由而造成的延时问题，算法不具有自适应性和健壮性。启发式路由算法[5-6]，虽然采用优化算法进行路径选择，但是无法保证端到端性能的最优化。本章提出的多路径路由算法(ETAMR)，建立在认知网络的架构下，算法具有网络环境的感知能力，自适应网络资源的变化，自主建立多路径路由，基于流量预测模型估计可选择的链路的流量负载，实现最优化的多路径路由传输，使传输延迟最小，同时保证网络的负载均衡。

3.3 适用于认知网络的流量预测模型

3.3.1 现有的网络流量预测模型

传统网络中提出的流量预测模型也可以应用于认知网络的应用系统中，根据不同的网络应用需求和优化目标来进行流量预测模型的选择。早期的网络流量预测研究中，由于假设网络流量是符合泊松分布的，因此经典的线性预测模型用于网络流量的预测，包括自回归(auto regression, AR)[140]、自回归滑动平均(autoregressive moving average, ARMA)[141]等，这些模型实现较简单，短期预测具有较高的精确度，但不适合长期预测。随着流量预测模型的深入研究，发现了网络流量的自相似性[142-144]，而网络的自相似性也被认为是上述短相关模型所不能处理的。因此，具有长期预测能力的非线性时间序列模型应用于网络流量预测，建立在流量自相似基础上的 FARIMA 模型[145]可以同时捕捉网络流量的长相关和短相关特征，在小时间尺度和多步网络流量预测上有较好的表现，但其计算复杂度较高。此外，小波变换被应用于中期及长期的网络流量预测[146]，预测准确度较高，但是增加了流量模型的计算量。神经网络[147]用于实现非线性时间序列的预测模型，适用于描述网络流量的不稳定性，文献[148]提出基于过程神经网络的短期流量预测模型，能够实现网络流量的实时可靠预测，但是其训练模型的复杂度和计算复杂度都比较高。此外，还有基于灰度系统[149-150]和神经网络结合的流量预测模型，但是灰度系统本身不具备较好的并行计算能力，不适用于系统环境动态变化的应用，每次系统的轻微变化都将导致重新计算，使得系统的开销过大[151]。基于最小均方差(minimum mean square error, MMSE)的预测机制在理论上是实现最简单、计算时间复杂度最小的预测算法[152]，因而对于能量受限、配置较低的系统环境具有良好的实用性。由于 MMSE 预测算法具有部署简单、运行效率高的特性，因此适用于实时在线的分布式系统应用。

3.3.2　流量预测模型的选择

实时可靠的短期流量预测对于认知网络是十分重要的，短期流量预测模型主要有以下三种分类：

(1)基于统计量的模型，如 ARIMA[153]、时间序列模型[154]等。这些模型是基于线性的流量模型，因此对于不确定性和非线性的流量无法描述，也不能处理随机噪声，导致预测效果不理想。

(2)基于动态网络分配的流量模拟方法。这种方法可以获得流量的预测信息并且反映出流量变量的关系，由于过分注重系统和用户确切适宜的分配结果，使得模型非常的复杂，而且优化过程耗费时间，因此不适宜在大规模网络中的实时预测。

(3)神经网络具有认识非线性复杂系统的特性及黑盒学习方法，在流量预测中有广泛的应用。而传统的神经网络不能很好地描述流量的过程特征。

由于长相关模型的建模过程过于复杂，因此难以用于网络流量的实时预

测。文献[141, 145]讨论了使用ARMA和FARIMA等模型对网络流量进行建模和预测，在上述的研究中，主要通过回归模型对网络流量进行建模和预测，并取得了较好的效果，但是这些方法也存在一些不足之处。例如，基于模型的方法需要处理的历史信息多，计算量大，不太适合进行在线预测，因此也难以将这些方法用于在线控制中去；基于ARMA模型的方法在对于较长时间段的网络预测(呈现周期性)表现出较好的效果，但是在进行小时间尺度的网络预测时，效果不是非常理想。

近年来很多研究表明网络流量是自相似的。这其中的原因可以解释为重尾分布和许多的On/Off流量源。由于许多On/Off源的存在导致了聚集流的自相似特性。一个自相似过程就是它的统计特性独立于时间尺度，这意味着对相同时间段的平滑不会改变自相似过程的统计特性。自相似过程最重要的特性之一是长程相关性。

但是在对于网络流量自相似特性的一些研究中也发现，实际网络流量并没有表现出非常强的长程相关性，因此，就可以使用一些非模型预测方法，通过采用一些自适应方法来动态调整流量预测方法，以适应网络流量的动态变化，提高预测精度，同时保持较小的计算量。

认知网络动态的感知网络状态信息，并且针对特定的目标自适应的配置网络资源。基于流量预测的认知网络的路由算法，能够感知当前链路的流量状态。同时，需要实时动态预测下一时刻的链路流量状态。因此，适用于认知网络路由算法的流量预测模型应该具备实时在线预测的能力，基于流量的短程相关性进行预测，需要稳定的序列流量模型改进并更新其参数，从而获得新的可用信息。所以，一个适用于在线预测应用的流量预测机制应该具有依靠较少的历史信息进行预测未来状态的能力。对于分布式的认知网络应用而言，MMSE预测机制并不需要了解网络流量模型的潜在结构，在认知节点上部署复杂度低，适用于实时动态变化的网络环境。MMSE预测机制适用于稳定序列的流量分析，网络流量是一个随着时间变化的非平稳随机过程，但是对于信道参数，在10~30ms内可以认为信道模型中的流量参数基本保持不变，所以把它看作是平稳信号。在短时间间隔内，可以用处理平稳随机过程的方法来处理短时的网络流量。认知网络具有异构性和资源变化的特点，其网络流量的连续突发性和自相似性，需要获取网络的实时信息并进行决策，采取相应的网络行为，因此需要在线实时的流量预测机制，基于MMSE的流量预测模型对认知网络环境具有良好的适应性。

3.3.3 MMSE 的数学描述

MMSE 作为统计意义上的线性序列参数预测模型，优化的目标是最小化误差平方和期望，本节将给出其数学描述[154]。

定义 3.1　一个线性随机过程 $\{X_t\}$，$t=0, 1, 2, \cdots$，假设该过程 $\{X_t\}$ 下一个状态值 X_{t+1} 可以表示为当前状态和以前观察状态的线性组合，如公式(3.1)所示：

$$X_{t+1} = w_n X_t + \cdots + w_1 X_{t-n+1} + Z_t \tag{3.1}$$

其中，n 是递归的顺序，Z_t 是高斯白噪声(White noise，WN，独立分布的随机变量，均值为 0，方差为 σ_z^2)。

式(3.1)矩阵形式的等效公式为

$$X_{t+1} = WX' + Z_t \tag{3.2}$$

递归模型都可以用矩阵形式描述。在实际应用中，例如在线流量预测的网络控制应用中，并不掌握任何流量模型的先验知识，但是仍然可以估计权重常量值 w_i 。

$\hat{W}$ 表示估计的权重向量，则式(3.2)转变为式(3.3)

$$\hat{X}_{t+1} = \hat{W}X' + Z_t \tag{3.3}$$

其中，$\hat{X}_{t+1}$ 为 X_{t+1} 的估计值。

权重向量可以由估计值与实际值的差的平方均值进行计算，如式(3.4)和式(3.5)所示：

$$e_t = X_{t+1} - \hat{X}_{t+1} \tag{3.4}$$

$$E[e_t^2] = E[(X_{t+1} - \hat{X}_{t+1})^2] \tag{3.5}$$

这是最小化求解问题，通过求导可以得到下面的结果：

$$\hat{W} = \boldsymbol{\Gamma} \boldsymbol{G}^{-1} \tag{3.6}$$

其中，$\boldsymbol{G}$ 是自相关矩阵，$\boldsymbol{\Gamma}$ 是一个自相关向量。

$$\boldsymbol{G} = \begin{bmatrix} \rho_0 & \rho_1 & \cdots & \rho_{n-1} \\ \rho_1 & \rho_0 & \cdots & \rho_{n-2} \\ \vdots & \vdots & & \vdots \\ \rho_{n-1} & \rho_{n-2} & \cdots & \rho_0 \end{bmatrix} \tag{3.7}$$

$$\boldsymbol{\Gamma} = [\rho_n \cdots \rho_1] \tag{3.8}$$

自相关参数 ρ_k 通过式(3.9)计算。

$$\rho_k = \frac{\sum_{t=1}^{n-k} (X_t - \overline{X})(X_{t+k} - \overline{X})}{\sum_{t=1}^{n} (X_t - \overline{X})^2} \tag{3.9}$$

MMSE 的优点是不需要构建潜在的网络流量结构，适用于实时在线的网络流量预测。另外，MMSE 易于实现和部署，仅有一些矩阵操作，无论在硬件还是软件上都可以实现，执行速度快。由于 MMSE 是基于非模型的，所以不能准确地描述网络流量的长相关性，并且具有短时记忆的特性，不能够进行长时的网络流量计算。

3.4 算法描述

3.4.1 认知网络中基于流量预测的单路径路由算法

3.4.1.1 具有流量预测功能的认知网络系统

在认知网络的架构下，设计具有流量预测功能的认知网络模型，如图 3.1 所示。每一个节点可以观察到与其连接的每一条链路上当前流量负载。本书提出的系统由集成流量传感器的认知节点组成，流量传感器安装一个或多个网络接口卡(network interface cards，NICs)可以监测与节点连接的链路的流量状态。从流量监测传感器获取的当前流量状态信息被传送给流量预测服务器(traffic prediction server，TPS)，然后由 TPS 汇聚消息，构建全局网络的流量状态信息，从全局的信息中可以析取出网络特征，例如应用的负载。用户的应用对于网络服务质量提出了具体的目标需求，例如最小延迟和负载均衡，认知网络的数据交换基于网络协议跨层设计的原则。

3.4.1.2 链路的分组延迟

计算每条链路的分组延迟，TPS 采用分组延迟 t_n 作为流量预测模型中的时间间隔。每条链路上的分组延迟主要与链路长度、节点处理延迟、传输速率、节点负载、排队延迟和分组大小有关，如公式(3.10)所示：

$$t_n = \frac{l_n}{C} + t_n(R) + t_n(Q) + t_n(H) + \frac{F}{b_n} \tag{3.10}$$

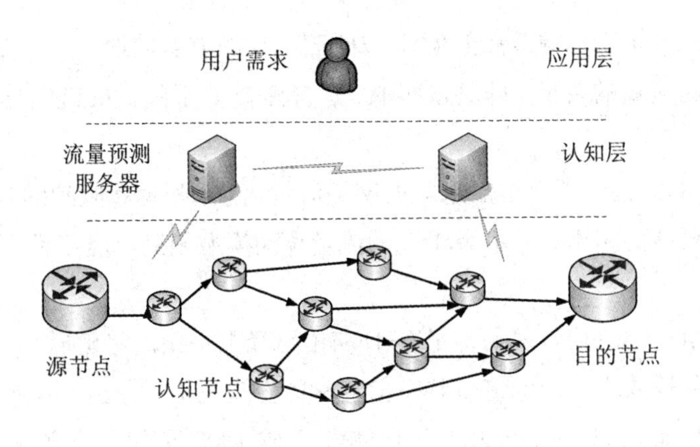

图 3.1　认知网络流量预测系统结构

Fig. 3.1　The structure of traffic prediction system of cognitive networks

其中，l_n是链路 $link_n$的实际长度，C 是链路 $link_n$的传输介质具有的传输速率，$t_n(R)$是节点进行路由计算产生的时间延迟，$t_n(Q)$是分组的排队延迟，$t_n(H)$是由节点负载产生的延迟，b_n是链路 $link_n$的带宽，F 是分组的大小。

由于链路的实际长度对分组延迟造成的影响是非常小的，链路长度在 2200 公里内对于分组延迟几乎没有影响。在本书提出的认知网络架构中，路由的选择由流量预测服务器执行，本地节点进行流量信息的采集，可以不需要进行路由计算，因此路由计算而产生的处理延迟可以忽略。因此，本书考虑四种对分组延迟产生影响的性能参数，分别是排队延迟、链路的负载、分组大小及链路带宽。式(3.10)近似等价于式(3.11)：

$$t_n = t_n(Q) + t_n(H) + \frac{F}{b_n} \tag{3.11}$$

另外，每条链路的延迟能够从一系列的统计数据中获取。通过在每条链路上执行多次分组传输实验，记录同一个分组在每条链路上的传输时间，从而通过统计方法计算出每条链路上的平均延迟。

3.4.1.3　最小网络负载路由算法

根据节点采集当前网络流量信息和历史流量记录，采用 MMSE 模型对与节点连接的链路上的流量状态进行预测，从而选择一条网络负载最低的路径作为路由路径，链路的网络负载的含义是指该链路上的可用带宽值。路由的选择过程如下：

步骤 1：分组传输的起始时刻，$t=0$；源节点向 TPS 发送请求消息 REQ(SA,

DA, K_t)，其中 SA 表示源节点的地址，DA 表示目的节点的地址，K_t 表示要传输的数据分组对流量的要求，即流量阈值，选择流量低于阈值的链路作为备选的路由路径。

步骤2：TPS 接收所有节点采集的网络流量信息，根据接收到的 REQ，为请求节点计算可能的路由，采用 MMSE 的流量预测模型预测可能路径上的链路的流量状态。

TPS 使用式(3.11)计算可能的 S-D 路由路径上每条链路延迟 t_n。MMSE 流量预测算法的输入为当前的流量状态信息和历史观测值，输出上一个链路延迟之后的预测流量信息。由于 MMSE 预测器完成 1000 步的状态预测信息需要 0.1s[10]，因此可将时间片的大小设置为 10E-4s，即完成一步状态预测的时间。经过上一个链路上的传输延迟 d_n 之后，链路 $link_n$ 上的流量值为 P_n，如式(3.12)所示：

$$d_n = \sum_{i=1}^{n} t_i = \sum_{i=1}^{n} (t_i(Q) + t_i(H) + F/b_i) \tag{3.12}$$

其中，t_i 为一个时间片的传输延迟时间。

TPS 服务器预测链路流量的过程如算法 3.1 所示：

算法 3.1：基于 MMSE 的流量预测算法
Algorithm 3.1 Traffic prediction Algorithm based on MMSE

Input：$\{X_t\} = \{X_0, X_{0-1}, \cdots, X_{0-n+1}\}$；/ * X_0表示当前流量，$X_{0-1}, \cdots, X_{0-n+1}$表示历史观测值 * /
Output：P_n；/ * 链路 $link_n$的流量预测值 * /

1：$t=0$;
2：**while** t is no more than d_n **do**
3：　　P_n = MMSE($\{X_t\}$)；
4：　　$X_t = P_n$；
5：　　$t=t+10E-4$；
6：**end while**

根据 S-D 之间所有链路上的预测流量信息，选择流量负载低于阈值的链路作为备选路径。TPS 计算出具有最小流量负载的路由路径，然后将路由消息发送给源节点，如式(3.13)所示：

$$R(T) = \min\{T\} = \min\{\sum_{i=1}^{M} P_i\}, P_i < K_t \tag{3.13}$$

其中，M 是路由路径上链路的数量。

如果路由选择失败，则TPS向源节点发送消息，要求调整流量阈值。

步骤3：源节点接收到TPS消息后，执行相应的操作。

路由计算是一次开销，在消息传输阶段路由路径上的节点不需要再进行路由计算，TPS一次确定S-D之间的路由路径。

3.4.1.4　ATPRA算法描述

ATPRA是认知网络中基于流量负载和路径长度（S-D之间的节点数）选择最优路由的机制。

基于MMSE流量预测算法进行路由选择，选择出的路径是链路流量负载最小的路径，但是路由路径的长度并不一定是最小的。如果用户的应用需求是要求最小的传输延迟，那么路由算法必须考虑路由路径的长度。ATPRA使用流量预测模型预测S-D之间链路上流量状态，同时结合路径长度选择一条最优的路由路径。

如前所述，ATPRA采用节点跳数作为路径长度的负载指标。根据用户的服务质量需求，源节点首先设置流量负载阈值 K_t，向TPS发送消息REQ(SA, DA, K_t)，TPS计算路由。如果没有合适的路径，则动态调整阈值，直到在当前网络环境下选择出最佳路径。

ATPRA需要根据S-D路由的联合负载计算路径，综合流量负载和长度负载两个性能指标，首先将流量负载和长度负载进行归一化处理，如式(3.14)和式(3.15)所示：

$$T_n^{norm} = \frac{T_n}{\sum_{n=1}^{k} T_n} \tag{3.14}$$

$$L_n^{norm} = \frac{L_n}{\sum_{n=1}^{k} L_n} \tag{3.15}$$

其中，T_n表示第 n 条S-D路径上的所有链路的流量负载；L_n表示第 n 条S-D路径上的节点数，即长度负载；k 为S-D路径上满足阈值条件的路由数量。第 n 条S-D路径上的联合负载 U_n 的计算如式(3.16)所示：

$$U_n = \alpha T_n^{norm} + \beta L_n^{norm}, \ \alpha + \beta = 1 \tag{3.16}$$

其中，α 是流量负载 T_n^{norm} 所占的权重值，β 是长度负载 L_n^{norm} 所占的权重值，$\alpha, \beta \in [0, 1]$，且 α, β 的值由用户应用需求和网络环境所决定。

为了提高分组传输速率，保证网络负载均衡，依据最小联合负载进行路由选择，如式(3.17)所示：

$$U_{\min} = \min\{\alpha T_n^{norm} + \beta L_n^{norm}\} = \min\{U_n\} \tag{3.17}$$

ATPRA 的算法实现过程如算法 3.2 所示：

算法 3.2：ATPRA 算法实现

Algorithm 3.2：ATPRA

Input：$REQ(SA, DA, K_t)$

Output：*Route* used to transmite data packets

1：$t=0$：Send $REQ(SA, DA, K_t)$：$SN \to TPS$

2：TPS：Execute Algorithm 3.1；

/ * the number of possible route is S, node i and node j are adjacent nodes and $i \neq j$ * /

3：**for** $i=1$ to $M-1$and $j=2$ to M do

4：　**if** P_{ij} is greater than K_t

5：　　Continue；

　else

6：　　add $Link_{ij}$ to R；

7：　　$i=i+1$；

8：　　$j=j+1$；

9：　　$S=S+1$；

10：**end for**

11：**if** $S=0$ send(reset K_t) $TPS \to SN$

12：　**goto** 1

else

13：　Set α and β ；

14：　　**for** $i=1$ to S **do**

15：　　　**for** $i=1$ to M **do**

16：　　　　Compute formula(14), (15), and(16)；

17：　　　　Execute Equ.(3.17)

18：　　　**end for**

19：　　**end for**

20：　　Send(*Route*)：$TPS \to SN$

21：SN：Transmit data according to the route

3.4.2　认知网络中流量感知的多路径路由算法

认知网络实时观测网络环境，获取网络状态信息，认知节点集成流量传感器，能够获取与其连接链路的流量信息，使用流量预测模型预测链路负载，然后依据用户需求作出路由决策。认知网络中的路由模块建立每条链路的基于流量的路由表，作为路由选择的依据。在此基础上，设计多路径路由算法。该算法模型的执行过程按照认知环路的流程：网络元件依据用户需求和感知到的网络流量状态选择最优化的设置；相应的网络行为是选择负载最轻的链路作为主传输路径，同时建立负载较轻的备选路径。本书提出的路由算法是主动路由机制，流量传感器感知每条链路上的实时流量负载，同时流量预测模型根据采集到的实时数据对未来时刻的链路负载进行预测，如果预测的流量负载超过流量阈值，则由源节点预先启动备选路径，分组传输在备选路径上进行。如果当前传输路径上的任何节点预测到链路拥塞的情况，新的备选路径将会启动，直到拥塞解除，主路径仍然继续进行分组传输。

3.4.2.1　认知网络架构

本节的路由算法应用在认知网络环境中。认知网络架构如图 3.2 所示，按照网络层次呈现认知网络的架构，包括用户需求和应用需求层，由一种或多种认知单元组成认知过程层，以及软件适应性网络。认知网络的端到端目标根据网络的环境状态和用户需求确定，本章所提出的网络端到端的目标是最小化数据流的传输延迟，并且保证整个网络的负载均衡。上层的用户需求通过认知描述语言与认知过程建立联系，认知描述语言将端到端的网络目标转化成为低层的执行机制。认知过程根据从知识库中获取的网络状态信息进行决策，其核心模块是学习和推理机制。网络管理和测量服务器与其他的服务器进行通信，根据用户的需求目标，从底层的软件适应性网络获取网络状态信息，而后进行过滤和汇聚，忽略无效的信息，避免认知过程无必要的启动，同时提供认知接口用于本域内的认知网元的管理。该架构对于认知过程的实现既可以采用集中式也可以采用分布式的结构。

在本节的路由算法设计中，认知网络使用从节点获取的网络流量信息，计算从源端到目的端的传输延迟。每一个认知节点通过集成的流量传感器，实时观测与其相连接的每条链路的流量状态。认知服务器(cognitive server)在本场景中，主要是流量预测服务器(traffic prediction server，TPS)从知识平面获取汇聚的流量信息，从而构建网络全局的流量状态信息。通过学习和推理模块获取

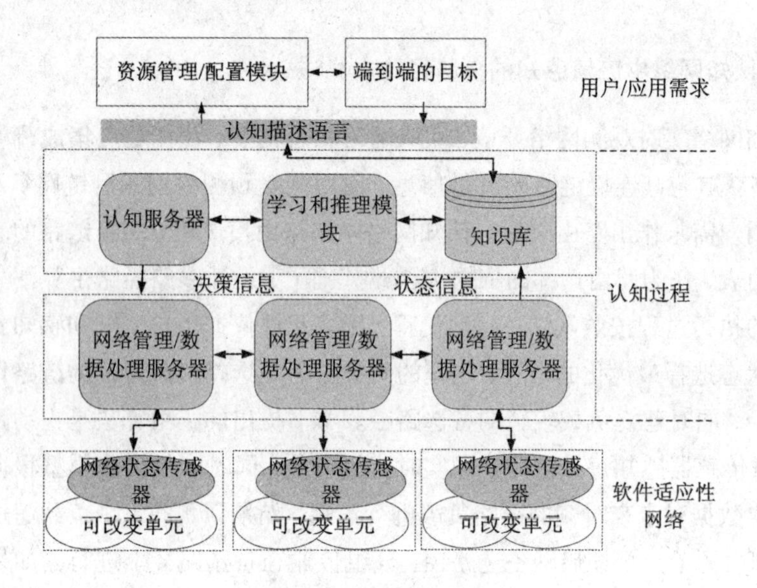

图 3.2　认知网络架构

Fig.3.2　Cognitive network framework

流量阈值，通过改变认知节点的配置参数，使具有较轻负载的节点进行分组传输，从而保证全网的流量负载均衡。

3.4.2.2　多路径路由机制

多路径路由机制能够帮助建立一种适合的路由算法，以满足端到端的用户需求或系统目标。例如，如果系统目标是最小化网络的能量消耗，路径将切换至能耗最低的路径；如果系统目标是保持网络的负载均衡，多路径路由机制将启动新路径从而改善网络负载的分布，使网络负载趋于均衡。

ETAMR 算法在认知网络架构下执行，通过认知过程观察网络状态信息，根据当前和历史的流量状态，利用流量预测模型预测 S-D 之间所有路由链路的网络流量，完成传输延迟的计算，然后选择流量负载最轻的路径作为主路径和负载较轻的路径作为备选路径。多路径路由发现机制通过执行认知过程，发现 S-D之间的可能路径。

ETAMR 的路由发现过程使用 MMSE 模型预测可能路由，从而选择负载最轻的路由，使每一条选择的链路拥有较高的可用带宽。通过学习与推理模块计算，根据从网络环境获取到的网络状态信息，自适应的改变流量负载作为流量阈值。路由发现过程有以下步骤：

步骤 1：最初，认知过程(cognitive process，CP)如图 3.2 所示，发送时间同步消息给全局范围内的网络元素。每一个节点广播控制分组，建立初始的邻居表。在数据分组传输开始($t=0$)，源节点向 CP 发送请求消息(N_s，N_d)，其中N_s表示源节点地址、N_d表示目的节点地址。CP 使用距离向量路由算法计算出 S-D之间可能的路由和邻接节点矩阵，是包含所有路由的 n 阶方阵。

步骤 2：从起始时刻开始，CP 采集可能路由路径上所有链路的流量状态信息，使用流量预测模型(MMSE)预测整个传输周期的每条链路的流量。学习和推理模块根据实时的流量负载状态，计算出流量阈值(K_i)，其上限值不能超过链路带宽的一半。

MMSE 模型的输入是当前的流量状态信息和历史流量状态信息，采用迭代算法，预测出的下一时间片的流量状态作为后续时间片预测的输入数据，循环进行计算。时间片的大小是 10E-4s，在延迟 d_n时间之后，链路 $link_n$上的流量状态信息为 P_n，d_n由式(3. 12)计算得到。算法 3. 3 描述了 ETAMR 中多路径路由发现机制的认知过程。

算法 3. 3：ETAMR 中多路径路由发现机制

Algorithm 3. 3：Multi-path Routing Discovery Scheme of ETAMR

Input：Node N_s，N_d，$\{X_t\}=\{X_t, X_{t-1}, \cdots, X_{t-n+1}\}$ /* X_t denotes the current traffic and $\{X_{t-1}, \cdots, X_{t-n+1}\}$ are the previous observation traffic series */

Output：possible *path matrix* from N_s to N_d

1：**while** N_i! = N_d /* N_i is the forwarding node between N_s and N_d，N_i and N_{i+1} are adjacent nodes */

2：   **while** t is no more than d_i

3： B_i=MMSE($\{X_t\}$)；/* B_i is the prediction traffic load of N_i */

4： $X_t=P_i$；

5： $t=t$+10E-4；

6：   **end while**

7：   **if** $B_i<K_i$

8： $path[i]=N_i$；

9：   **end if**

10： i++；

11：**end while**

多路径路由的选择机制首先选择满足流量负载低于流量阈值 K_i的链路，然后 CP 计算完整的路由路径。

步骤 3：CP 记录若干条满足条件的路径，然后将消息发送给节点，更新其邻居表。如果路径选择失败，则学习与推理模块重新计算流量阈值，再重新选择路径。多路径路由的计算是一次的时间开销，在数据传输的过程中，不再进行路由计算。

3.4.2.3　多路径路由的建立过程

步骤1：如前所述，对于从源节点到目的节点的数据传输，传输延迟受到S-D路径上的链路可用带宽、数据转发节点的排队延迟以及节点跳数的影响。在ETAMR中，可用带宽可由流量负载决定，选择具有较轻流量负载的链路。在认知网络架构下，由于认知服务器进行路由路径的选择，每个节点不需要再进行路由计算，因此节点上的路由计算开销可以被忽略。另外，传感器节点之间的消息交换和认知过程与节点之间的消息交换的延迟被计算为传输控制分组的延迟。S-D路径的联合负载C考虑流量负载F_n、节点跳数L_n和处理时间T_n，如式(3.18)所示：

$$C = \sum_{n=1}^{k} (\alpha F_n + \beta L_n + \gamma T_n),\ \alpha + \beta + \gamma = 1 \tag{3.18}$$

其中，α是流量负载的权重值F_n，β是节点跳数L_n的权重值，γ是处理时间T_n的权重值，$\alpha, \beta, \gamma \in [0, 1]$。

为了使上述性能指标能够在统一的值范围内进行链路负载的衡量，算法采用链路各项性能的比例值来描述性能属性，即对上述性能进行归一化处理：

$$F_n = \frac{f_n}{\sum_{i=1}^{M} f_i} \tag{3.19}$$

$$L_n = \frac{l_n}{\sum_{i=1}^{M} l_i} \tag{3.20}$$

$$T_n = \frac{t_n}{\sum_{i=1}^{M} t_i} \tag{3.21}$$

ETAMR依据最小联合负载$C_{\min}$选择主传输路径，以及若干联合负载较轻的路径作为备选路径，其数学描述：

$$C_{\min} = \min\left(\sum_{n=1}^{k} (\alpha F_n + \beta L_n + \gamma T_n)\right) = \min(C) \tag{3.22}$$

步骤2：在分组传输过程中，如果流量预测模型使用实时的流量状态信息预测到下一时刻主路径上的某条链路将发生拥塞，对于这种随时可能出现的路

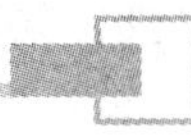

由干扰问题，认知服务器将发送控制消息至源节点，通知源节点启动次优的备选路径进行分组传输。源节点从认知服务器获取到拥塞消息的通知后，将启动备选路径传输分组。

链路的选择准则是 S-D 之间的链路的预测流量负载不超过流量阈值 K_i，尽量避免拥塞状况的发生。根据在一段较长时间内对按时间片离散的数据进行统计分析，预测的流量状态 X_t 服从高斯分布(Gaussian distribution)，即 $X_t \sim N(\mu, \sigma^2)$。因此，节点 N_i 在 t 时刻的拥塞概率可以表示为式(3.23)：

$$P_i(t) = P(\widehat{X}_t > K_t \mid X_t, X_{t-1}, X_{t-2}, \cdots, X_{t-l})$$

$$= 1 - P(\widehat{X}_t \leqslant K_t) = 1 - \frac{1}{\sqrt{2\pi}} \int_{-\infty}^{\frac{K_t - \mu X}{\sigma X}} e^{\frac{t^2}{2}} dt \tag{3.23}$$

其中，l 是观测值的时间步长。

多路径路由机制 ETAMR 的算法实现如算法 3.4 所示：

算法 3.4：基于 ETAMR 建立的多路径路由机制

Algorithm3.4：Multi-path Routing Establishment based on ETAMR

Input α，β，γ，the possible paths matrix $R[S][N]$

/* S-D 之间可能的路由路径数量为 S，N 表示每一跳路由路径上的链路数 */

Output：Establish the primary route and sub-primary paths

1：**for** j = 1 to S

2：　　**for** i = 1 to N

3：　　　$c_i = \alpha \times B_i + \beta \times L_i + \gamma \times T_i$；

4　　　$c += c_i$；

5：　　**end for**

6：　　$C[j-1] = c$；

7：**end for**

/* 采用选择排序算法 *sort*( ) 对选择出的路径的链路负载按照升序进行排列，并按照链路负载的序列将路径的序号 *path No.* 存储在矩阵 $M[S]$ 中 */

8：*sort*($C[j]$)；

/* 建立主路径 */

9：*trigger*($R(M[0])$)；

/* 建立备选路径 */

10：**while**(*congestion*($P_{ij}(t)$))

```
11:   trigger(R(M[i + 1]))
12:   i++;
13: end while
/* 如果主路径拥塞消除，弃用备选路径 */
14: for j=1 to i
15:     delete(R(M[j]);
16: end for
```

步骤3：在分组传输过程中，只有主路径是持续进行数据传输的，当主路径拥塞消失时，分组传输继续在主路径上进行，备选路径则停止分组传输服务。

3.4.2.4　网络负载均衡机制

ETAMR 通过流量预测算法选择流量负载较轻的路由路径进行数据传输，其中延迟最小的路径作为分组传输的主路径，同时也将分组传输产生的流量分布于其余的轻负载活动路径上，从而减轻整个网络链路的负载，避免网络发生拥塞状况。本节结合 ETAMR 的多路径路由算法，提出网络流量负载均衡的机制。

如果主路径上的链路 $link_i$ 在 t 时刻发生拥塞的概率为 $P_i(t)$ 超过了平均拥塞概率，次优的备选路径将被启动用来传输一定比例的分组，承担部分流量负载，比例 r 的值由预测的流量负载 X_t，流量阈值 K_t，以及链路 $link_i$ 的带宽 B_i 确定，如式(3.24)所示：

$$r = (1 + \lambda) - \frac{X_t}{K_t},\ \lambda \in \left[0,\ 1 - \frac{X_t}{B_i}\right] \tag{3.24}$$

因此，如果预测到当前的活动路径将在未来时刻发生拥塞，则启动新的备选路径进行分组传输；如果拥塞消失，则备选路径不启用。我们定义网络是否达到负载均衡的衡量指标是每条活动路径上的流量负载接近于设定的流量阈值，用 TL 表示，当 TL 的值接近1时，表明网络处于负载均衡状态。TL 的值如式(3.25)所示：

$$TL = \frac{\sum_{i=1}^{n} \frac{f_i(t)}{K_i(t)}}{n} \tag{3.25}$$

3. 5　算法仿真及性能评价

本节将对本章提出的三种认知网络中的基于流量预测的路由算法进行仿真验证，并与经典的路由算法在认知网络环境中的性能进行比较，给出算法的性能评价。

3. 5. 1　MWR 和 ATPRA 性能评价

本书采用 MATLAB 平台进行算法的仿真验证。TPS 模块记录 50 序列的历史流量数据，当前的流量数据随机生成，流量的大小范围是[56kb/s，2Mb/s]。传输的数据流是 144kb/s 的 CBR 数据，每条链路的带宽设置为 2Mb/s。认知网络由 2 个流量预测服务器(TPS)和 40 个认知节点组成，每个 TPS 管理 20 个节点。在此，在认知网络环境下部署经典的路由算法 Dijkstra，与本章提出的 MWR 和 ATPRA 算法进行比较，性能评价指标有路由轨迹、链路的流量负载率和传输延迟。

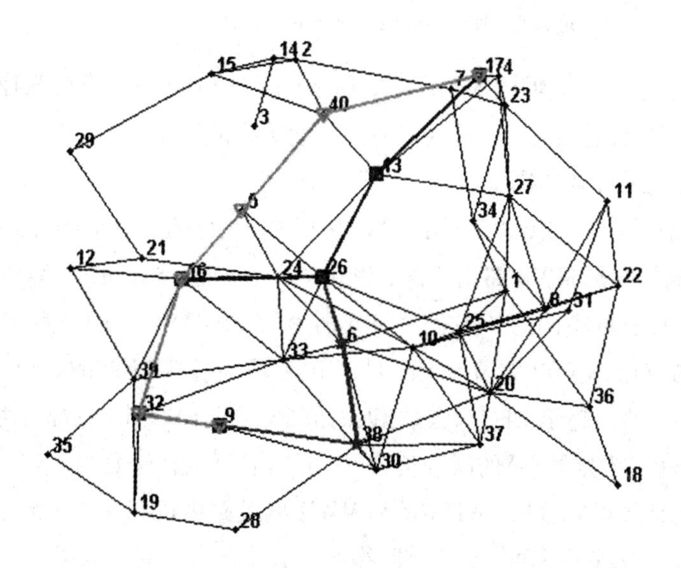

图 3. 3　从源节点 9 至目的节点 17 的路由轨迹

Fig.3. 3　Routing from node 9 to node 17

(1)路由轨迹。如图 3. 3 所示，圆点线为基于 Dijkstra 路由算法的传输路径(9-38-6-26-13-7)，三角线为 MWR 路由轨迹(9-32-16-5-40-7)，方块线为

ATPRA 的路由轨迹(α = 0. 3)(9-32-16-26-13-7)。ATPRA 的路由轨迹综合考虑负载和最短路径，与其他两种算法有部分路径重叠。

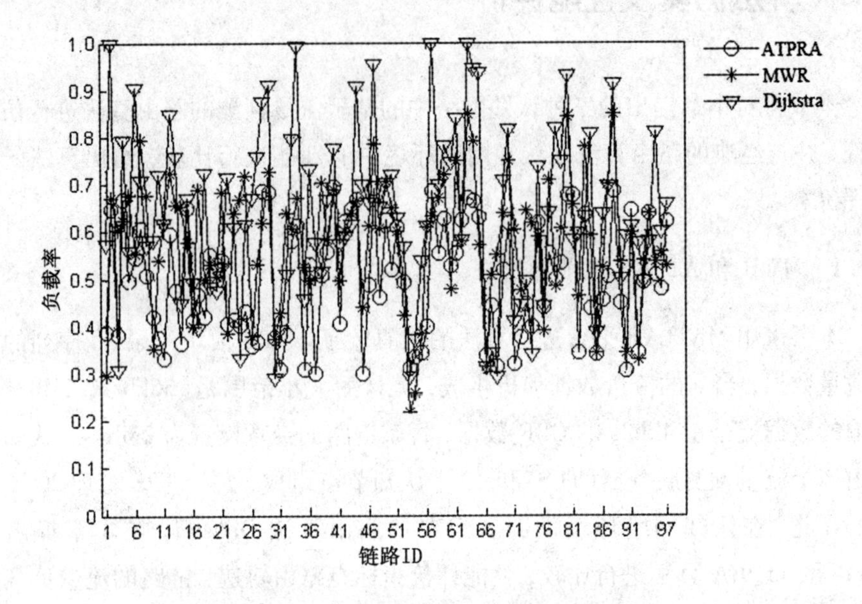

图 3.4　三种路由算法的流量负载率

Fig.3. 4　Workload ratio in the routing schemes

(2)流量负载率。如图 3. 4 所示，Dijkstra，MWR 和 ATPRA 三种路由算法分别进行了 20 次随机路由，得到网络的流量负载的比率，其中 MWR 和 ATPRA 具有较好的流量负载均衡。

(3)传输延迟。如图 3. 5 所示，当 $\alpha = 0$ 时，执行的是 Dijkstra 路由机制；当 $\alpha = 1$ 时，执行的是 MWR 路由算法；当 $0 < \alpha < 1$ 时，执行的是 ATPRA 路由算法。仿真选择三种不同的 S-D 路径，分别为(源节点 9，目的节点 17)，(源节点 23，目的节点 39)和(源节点 15，目的节点 20)。设置不同的 α 值，进行多次实验，当 α/β 的值趋于 1 时，传输延迟的值最小，即 ATPRA 在综合考虑流量负载和最短路径(跳数最小)的联合负载下，具有较好的传输延迟。

从仿真结果可以看出，ATPRA 和 MWR 两种路由机制在网络流量负载和传输延迟上具有较好的性能，对整个网络的负载均衡有较好的效果。

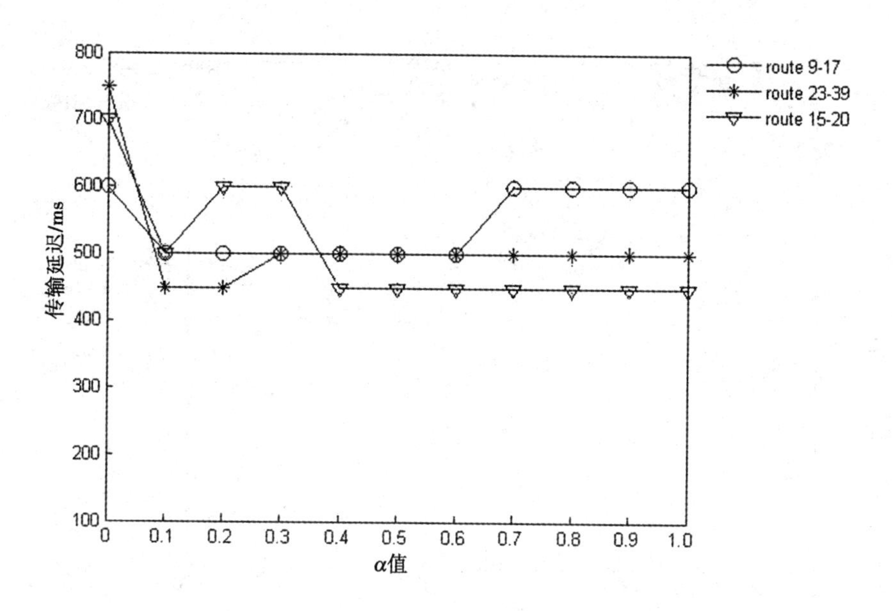

图 3.5　三种算法在不同的 α 值下的传输延迟

Fig.3.5　Transmission delay of three routes at different alpha value

3.5.2　ETAMR 的性能评价

本节对 ETAMR 路由机制进行性能评价，算法仿真在 MATLAB 平台实现。认知处理过程模块(cognitive process module)记录 1000 条历史流量信息，当前的数据流量值范围为[56kb/s, 2Mb/s]，每条链路的带宽是 2Mb/s。网络由 40 个认知节点和 4 个认知服务器组成，每个服务器管理 10 个认知节点，随机部署在 1000m×1000m 的区域。每条链路的处理时间设置为不同的值。对三种路由算法进行实验仿真，分别是经典的多路径源路由算法(multi-path source routing algorithm, MSR)，ETAMR 和 ATPRA。比较了三种算法在传输成功率、整个网络的负载率和平均传输延迟方面的性能指标。

(1)传输成功率。表示成功接受的数据分组的数量与传输的全部分组的数量的比值。三种路由算法在没有网络拥塞或链路实效的情况下都具有较高的传输成功率。当流量负载突然增加时(如图 3.6 所示，在 100~150s 和 300~400s 时间段)，MSR 的传输成功率明显下降，需要较长时间恢复。ATPRA 的传输成功率略有下降，恢复时间较短。ETAMR 的传输成功率具有较稳定的传输成功率，在链路负载较重时与轻负载时差别不大。

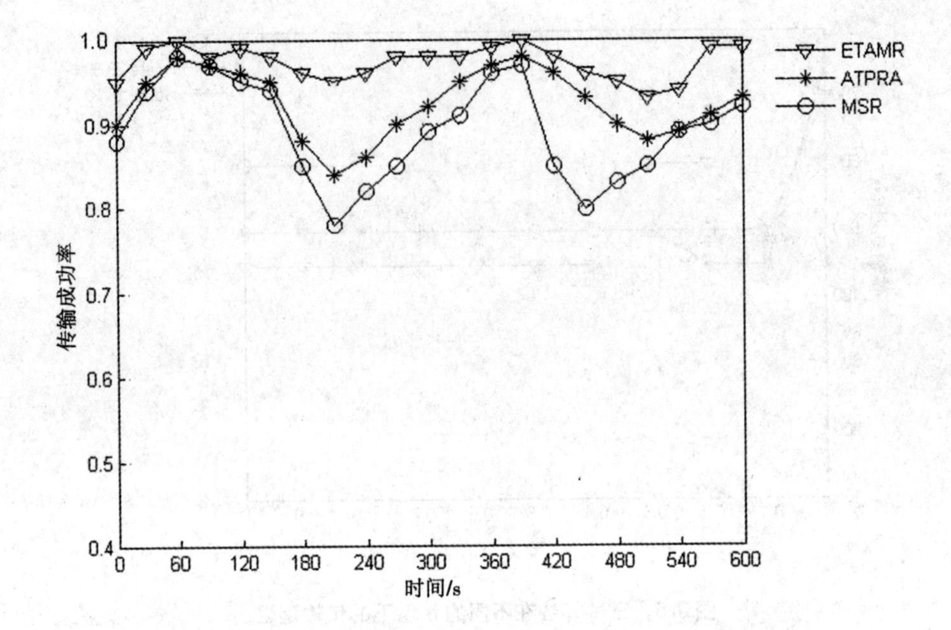

图 3. 6　三种算法在不同网络流量负载下的传输成功率

Fig.3. 6　Success ratio under various traffic load of three algorithms

(2)流量负载率。在 S-D 之间三种路由算法随机执行 100 次后，得到三种路由算法的平均流量负载率。如图 3. 7 所示，ETAMR 在三种算法中的平均流量负载率最好，表明 ETAMR 算法对网络的负载均衡起到较好的作用。

(3)平均传输延迟。选择一条 S-D 路径，传输 144kb/s 的 CBR 数据流，在不同的流量负载条件下，三种算法分别运行 100 次。如图 3. 8 所示，当网络负载较重的情况下，MSR 平均传输延迟快速增加。对于 ATPRA 和 ETAMR 算法，其平均传输延迟的性能指标较为稳定。总体的延迟性能 ETAMR 较优于 ATPRA 算法，因为 ETAMR 采用主动的多路径机制，对于网络负载较重的路径采用多路径机制提高了传输效率。

通过仿真结果验证了 ETAMR 路由机制在传输成功率、平均传输延迟和均衡网络负载方面具有较好的性能。

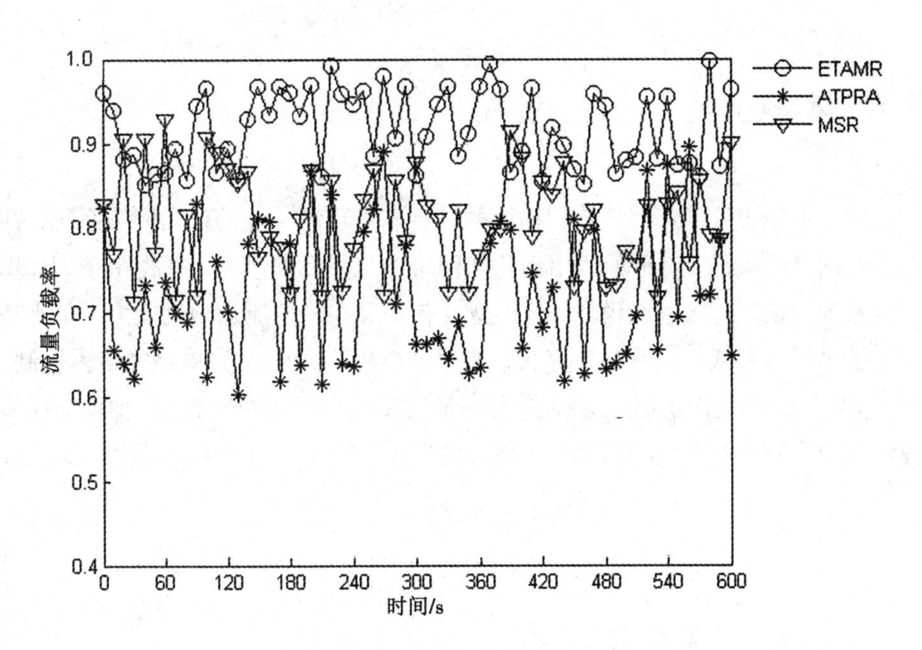

图 3.7　三种路由算法的平均流量负载率

Fig.3.7　Average traffic load ratio of the three routing schemes

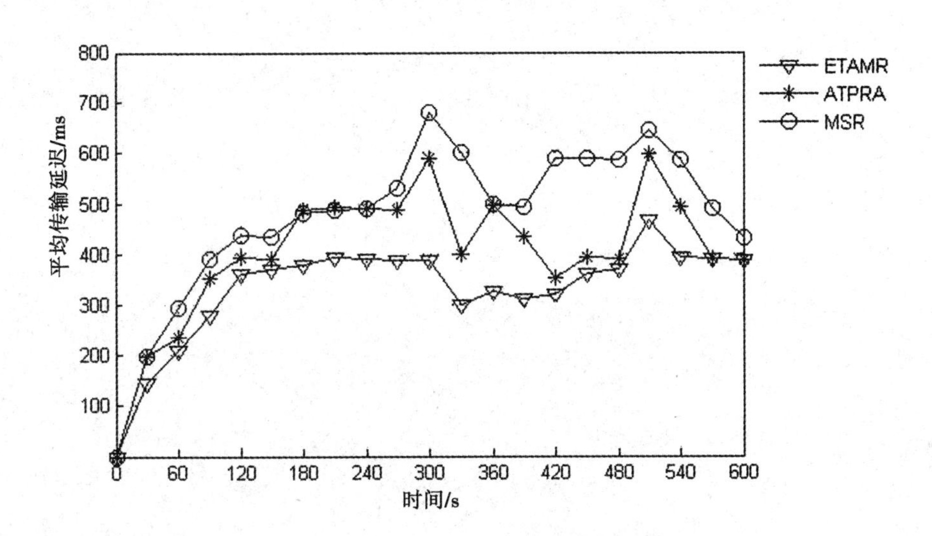

图 3.8　三种路由算法的平均传输延迟

Fig.3.8　Average transmission delay of three routes

3.6 本章小结

本章首先设计了认知网络架构下的具有流量预测功能的认知网络系统，针对认知网络的特征，讨论了适用于认知网络的流量预测模型，选择基于 MMSE 的流量预测模型作为预测模块，该模型具有实时在线的流量预测能力，在此基础上提出了三种认知网络路由算法，其中，MWR，ATPRA 为单路径路由机制，ETAMR 为多路径路由机制，并通过仿真验证了三种算法的性能，三种算法在传输延迟和均衡网络负载方面取得了较好的性能。

第 4 章　基于社会关系感知的移动节点位置预测算法

移动节点位置预测是机会认知网络进行有效数据采集和消息转发的关键，本章提出了一种基于社会关系的移动节点位置预测算法（social-relationship-based mobile node location prediction algorithm，SMLP）。该算法基于位置对应用场景进行建模，通过节点的移动规律挖掘节点之间的社会关系。SMLP 算法以马尔可夫模型为基础对节点的移动性进行初步预测，然后利用与其社会关系较强的其他节点的位置对该节点的预测结果进行修正。算法基于马尔可夫模型和加权马尔可夫模型进行了优化，分别提出了 $SMLP_1$ 和 $SMLP_N$ 两种算法实现。同时挖掘节点间的社会关系，对已有的位置预测算法进行优化，使其能够更好地适应机会认知网络系统的应用，获得了更高的预测准确率。

4.1　引言

认知网络可以为社群智能应用提供系统模型和网络架构，社群智能的参与式感知和机会感知应用对社会服务具有重要的意义，这两种应用以人类的移动行为作为驱动，采用机会连接的方式完成系统服务，因此将认知网络与机会通信相结合，构建机会认知网络，实现社群智能的参与式感知与机会感知应用。美国加州大学洛杉矶分校的 Deborah Estrin 教授所领导的 CENS（center for embedded networked sensing）研究中心是最早开展这方面工作的研究机构之一。在 CENS 研究中心 2011 年年度进展报告[33]的 Research 部分，主要介绍了 CENS 实验室在研究领域的最新进展，包括 PEIR，AndWellness，Mobilize，Boyle Heights 等几个典型应用项目的研究进展，以及支撑应用的相关技术的研究情况，包括参与者征募、任务规划、基于手机传感器的人类活动识别、用户隐私等。美国达特茅斯学院的 MSG（mobile sensing group）实验室也在这方面做了很多研究，主要项目有 BikeNet[34]，SoundSense[35]，CenceMe[36-37]，MetroSense[38]，Bubble-sensing[39]等。

机会认知网络强调感知过程中人的参与，人们对赖以生存的城市和社会状态进行感知、记录，一个人感知的信息或者群体感知的经过融合处理后的信息可以为其他人或群体所用。美国南加州大学的 ENL(Embedded Networks Laboratory)实验室以此为背景开发了 Urban tomography[155-156]平台，通过手机进行基于位置信息的移动影像的采集，获取城市生活的声音影像记录，揭示生活状态模式。Live compare[157]和 Micro-Blog[158]研究了机会认知网络与社交网络的结合应用，Live compare 利用手机中的图像传感器获取特定商品在不同卖场的价签信息，经过处理、分析、位置标定后上传到网站，为用户提供实时的商品特价信息；Micro-Blog 讨论了社交网络、分布式内容共享与机会认知网络相融合的体系框架，提出了一个基于机会认知网络的微博系统原型。

利用智能手机结合多种类型的传感设备(如加速度传感器、计步器、光线传感器、温湿度传感器、气体传感器、磁力传感器、二氧化碳传感器、PM2.5 传感器等)，可以构造多种基于机会认知网络的应用系统，比如生活模式感知、移动社交、空气污染实时监测、交通状况监测等。美国杜克大学的 Azizyan M 等人在文献[159-160]中提出用安装在手机上的光线、声音传感设备辅助 GSM、Wi-Fi 进行相对精确的定位，这种定位方式比 GPS 定位具有更小的开销，并且能在 GPS 不能覆盖的室内环境下实现定位。美国麻省理工学院的 CarTel 项目[161-162]利用安装在汽车和智能手机上的传感器采集数据，并将数据上传到一个特定的 WEB 服务器，然后在服务器上对数据进行分析并为用户提供实时交通状况、路面状况等信息。Kotovirta V 等[163]人通过试验对空气质量、水质和植物疾病等数据的监测，研究了用户激励及参与用户的隐私保护等问题。Rana R K 等[164]根据噪声污染可以影响人类的听觉和行为的特点，利用机会认知网络节点来监控噪声等级，并建立噪声污染地图系统，将信息提供给专家来研究噪声和人类行为之间的关系。

在上述机会认知网络应用中，如何构造一个动态的群组以保证机会认知网络任务高效、高质量地完成，是机会认知网络研究领域一个亟待解决的问题。当系统中参与者数量充足时，系统需要通过定价与博弈的方式选择更加廉价而高效的节点去执行任务；而对于参与者数量不足的情况，系统需要制定相关的激励机制去刺激用户的参与。

对于与位置相关的机会认知网络应用而言，系统一般会对用户的位置数据进行采集，但在某些时刻，系统中往往会出现感知区域用户数量覆盖不足的情况（当前驻留在目的位置的用户数量很少，即使全部参与，也可能不足以支撑感知任务的完成），而这种情况有时会直接影响感知任务的顺利完成。对于此类问题，我们可以利用用户的移动轨迹预测，配合着良好的用户激励机制提供出一种有效的解决方案：如果系统在获取用户当前位置信息的同时还会预测用户将来一段时间可能到达的位置，然后根据情况组建一个最有可能到达感知位置的用户群组，并通过相关机制激励其前往目的地并完成任务，以此来增加参与者数量，提高应用的执行效率。例如，如果希望利用机会认知网络进行消息分发，我们首先可以通过位置预测估计将会有哪些节点在未来的一段时间内运动到这里，然后系统会向这些节点发布参与请求，提供相关激励，促使其主动的前往相关区域，完成消息分发应用，这样既保证了区域的覆盖，又要避免太多的节点分发数据。

与传统的移动应用相比，机会认知网络应用有如下特点：

（1）将信息世界与物理世界相互连通，通过机会认知网络设备（如智能手机、传感器节点等）从物理世界中获取状态信息（如声音、温度、位置、光照、物体运动状态等），为信息世界的应用提供数据；

（2）机会认知网络应用可以将整体任务分解成多个任务单元，由多个机会认知网络设备分别完成各自任务单元，共同完成一个整体任务（例如由多个感知半径有限的节点共同完成一个较大区域的数据采集任务，而在传统移动应用中通常多个个体完成一个相同的任务并竞争最佳方案）；

（3）机会认知网络系统具有机会网络特性。对于传统移动应用而言，节点一般是通过接入点或基站的方式与中心服务器进行通信的（如图 4.1 中场景 1 和场景 3 所示）；而在机会认知网络系统中，由于节点移动、节点稀疏、射频关闭或障碍物造成信号衰减等多种原因，导致网络有时不能完全连通，这时移动设备常采取一种“弱连接”的方式联网，因此某些情况下节点需要通过用户移动带来的相遇机会来完成数据的通信和传输（如图 4.1 中场景 2 所示）。

针对机会认知网络环境中节点的机会连接问题，移动设备的位置预测不仅能够提高机会网络中数据的转发效率，减少通信时延，同时还有助于充分利用系统中的一些“弱联网”节点，通过对其位置的判断，完成一些特殊的机会认知网络应用[165-166]。

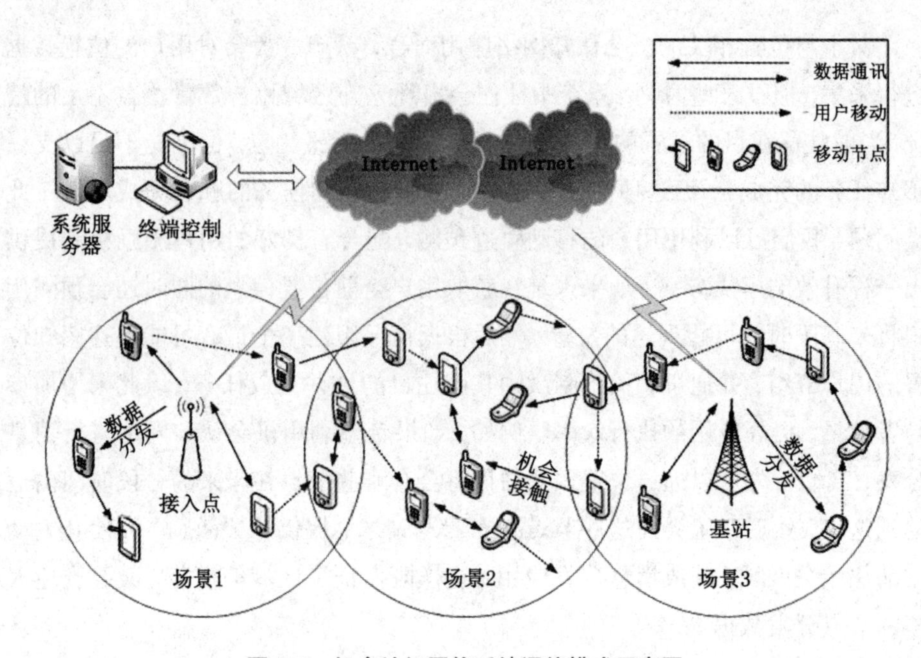

图 4.1　机会认知网络系统通信模式示意图

Fig.4.1　The scematic of communication model in OCNs

为了解决移动预测等问题，近年来，许多科研机构和学者针对人类的移动模式展开了研究[167-170]。文献[167]根据移动设备的历史位置信息研究人类的行动轨迹，该文献作者通过6个月来对10万名参与者位置信息的调查，发现人类的移动轨迹符合一种空间概率分布，可以利用某种简单且重复的模式来描述。文献[168]对这种移动模式的可预测性进行了论证，该文献作者通过引入“熵”的概念来判断用户移动轨迹预测的可能性，当使用所有的历史数据进行测试时，用户位置的潜在可预测性将高达93%。

基于上述理论，学者们利用人类的移动模式，针对轨迹的预测问题提出了一些不同的解决方案[171-175]。目前应用最广泛的位置预测方法为基于马尔可夫链的方法：该方法的基本思想是建立一个 k 步马尔可夫预测器，即一个与一阶马尔可夫预测器的移动概率矩阵同规模的移动概率矩阵。通过这个矩阵，就可以根据用户 k 步以前的位置来预测其下一步即将到达的位置。文献[171]利用无线校园网络移动数据来检验一些位置预测算法的性能，在文献中作者使用Wi-Fi信息定义了一些离散的位置，并据此对 k 阶马尔可夫预测模型、基于LZ树的LZ-based预测模型等不同的方案进行了测试。经过比较发现，相对简单的二阶马尔可夫链模型拥有和其他方案相同甚至更好的预测效果，预测的平均准确率达到了 72%。类似效果较好的预测方法还有文献[21]提出的扩展后的马尔可夫预测模型，该模型考虑了到达时间和停留时间，使用延时嵌入法(time delay embedding)从时间序列中提取确定长度的位置序列，通过将上一次观察到的位置与所有嵌入的位置序列进行对比，以此来完成用户位置信息的预测。

除了马氏链外，还有一些位置预测方法，如基于人工神经网络(artificial neural network)的方法[176]、基于贝叶斯网络(Beyasian network)的方法[177-178]和基于回归的方法[179-181]，这些方法从不同的角度对未来位置预测做了研究，主要是针对单一节点的移动行为进行预测。但事实上，节点的行为状态不仅取决于前一时间段的位置状态信息，还取决于携带移动设备的主体之间所具有的社会性关联。

综上所述，移动节点位置预测对机会认知网络应用而言具有重要意义。本书利用节点间的社会关系，对已有的位置预测算法进行优化，使其能够更好的适应机会认知网络系统应用，获得更高的预测准确率。

4.2　基于社会关系的节点位置预测算法

人类移动模式研究结果[167]表明，人们的行动存在高度的重复性，每天人们重复访问固定的几个地点，在相对固定的时间内进行一些日常活动。根据移动节点的位置及固定的行为模式，我们可以基于位置对场景进行建模，利用相关算法预测节点到达某一位置的概率，从而估计移动节点的位置。本书提出了一种基于社会关系的移动节点位置预测算法(SMLP)，分别针对基于绝对分布的马尔可夫模型和加权马尔可夫模型进行了优化。算法以马尔可夫模型为基础对节点的移动性进行初步预测，然后利用与其社会关系较强的其他节点位置对该节点的预测结果进行了修正，以获得更高的准确性。

4.2.1　基于位置的节点移动应用场景

目前大部分的机会网络研究都是针对移动节点的，其目的是将信息通过机会连接的方式发送到目的节点上去。但由于节点的高度移动性及接触时间的不确定性，这些研究很少在实际场景中得到应用。针对这一问题，文献[182]提出了一种基于位置的机会网络路由传输策略。Lu Shanshan 等人认为，节点在移动过程中接触时间较短，而在一些固定地点(如办公室、咖啡厅、健身场所等)接触时间较长，因此针对位置的消息传递策略相对于传统传输策略而言更加稳定，具有更高的实际应用价值。

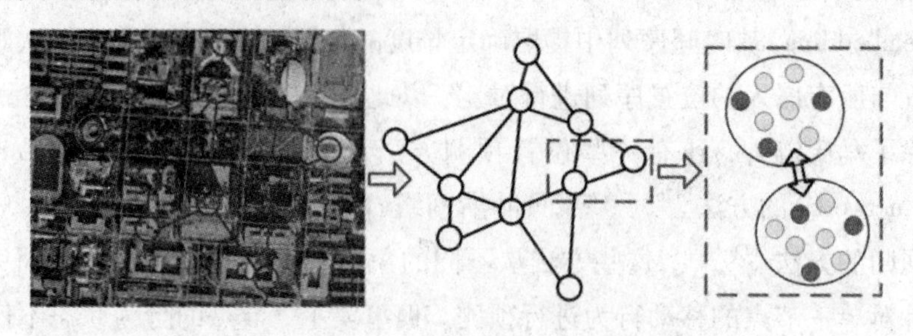

图 4.2 基于位置的移动行为建模示意图

Fig.4.2 The scematic of location-based mobile behaviors

基于这一思想，我们提出可以基于位置对节点移动应用场景进行建模。如图 4.2 所示，每个应用场景都存在很多用户分布密集的地点，节点在这些地点进行汇聚，基于位置形成空间分散的群组。不难想象，在同一群组中的节点与处于不同群组中的节点相比，接触更为稳定、频繁。另外，一些用户还会按照自己的日常行程从一个地点运动到另外一个地点。群组间可以利用这些移动的节点进行连接，机会性地进行通讯。

综上所述，与基于节点的模型相比，基于位置建模更有利于应用到实际场景中，主要原因有以下两点：① 基于位置的接触，时间更久，建立起来的链路更加稳定，因此有利于数据的传输与交互；② 基于位置的通信可以支持更大的数据量，这更有助于应用的扩展。

我们在对应用场景基于位置进行建模，在此基础上收集移动节点访问不同位置的频数信息、接触信息及时间信息，利用节点的历史移动轨迹及社会关系来预测节点到达各个位置的概率，以此作为机会认知网络系统机会链接特性研究的基础。

通过对 CRAWDAD 公开发布的实验数据集统计得出，目前人们主要通过以下三种方式来记录节点的位置信息。① GPS。GPS 是一种较为精准的外部定位技术，其在导航系统、车载防盗系统、公交调度系统等众多项目中都得到了广泛的应用。但对于移动手持设备而言，由于耗电、数据开销大、室内定位效果欠佳等原因，通过 GPS 所搜集的节点移动轨迹往往存在数据缺失、数据不完整等问题。② 基站(cell tower)。通过运营商的无线电通讯网络(如 GSM 网、CD-MA 网)，人们可以获取移动终端用户的位置信息，而这些信息一般是通过跟踪记录设备所访问的基站编号而获得的(例如 MIT Reality 项目[32]中的节点位置数据)。③ WLAN。利用部署在不同区域的 AP 节点，通过记录带有 Wi-Fi 接口的手持设备与 AP 节点的通讯数据，人们同样可以完成对于移动节点的位置定位工作。经典的 WLAN 实验项目包括美国 Dartmouth 学院的 Wireles trace datasets 和 UCSD 的 Wireless Topology Discovery(WTD)[183]项目等。

对于基于位置的节点移动模型而言，GPS 主要记录的是节点移动轨迹的经纬度信息，但由于其收集的历史记录存在数据缺失的问题，因此不利于移动模型的建立。而记录 Cell Tower 编号来跟踪节点移动轨迹，由于基站本身覆盖面积过大，其位置记录的粒度过粗，因此建立起来的移动模型应用价值不高。最后，利用 WLAN 来完成节点历史轨迹的记录，由于 AP 部署较为灵活，且 AP 通讯范围适中，因此对于校园等场景而言，使用 AP 数据来建立位置移动模型更为合适。

在大部分 WLAN 数据集中，为了方便处理，每条数据是以 (*node*, *time*, *APList*) 的格式记录的，表示节点在某个时间与哪些 AP 相连。为了更好地构建移动模型，我们可以利用连通分量将 AP 数据转换为位置信息，具体过程如下：

(1)统计不同 AP 同时出现在一条记录中的次数。通过对 AP 出现次数的计算，我们可以获得 AP 间的关系矩阵 $R = [r_{ij}]$, $i \in N$, $j \in N$，其中 $r_{ij} = \frac{2n_{ij}}{n_i + n_j}$, n_{ij} 表示 APi 与 APj 同时在记录中同时出现的次数，n_i 表示 APi 出现的总次数，n_j 表示 APj 出现的总次数。

(2)将 AP 作为图中的结点，按 r_{ij} 的大小顺序依次用直线将这些结点连接起来，并标上权重，这样就得到一个描述 AP 关系的无向图，图 4.3(a)就是这样的一个 AP 关系图。

(3)我们取定 λ，去掉权重低于 λ 的连线，即可将节点分类，所获得的每个连通分量即为一个位置。图 4.3(b)就是当 λ 取值为 0.6 时的一个包含 4 个不同连同分量的位置示意图。

针对上述方法，阈值 λ 的选取决定了基于位置的节点移动模型位置区域粒度(每个聚类位置的覆盖区域范围)的大小。当 λ 取值较小时，每个位置包含了更多的 AP 节点，因此区域粒度较大，位置覆盖范围更加广泛；当 λ 取值较大时，每个位置包含了较少的节点个数，因此区域粒度较小，每个位置覆盖了较小的区域范围。针对不同的环境，我们可以选取不同的阈值来确定模型的位置区域粒度，以此满足应用对位置范围的具体需求。

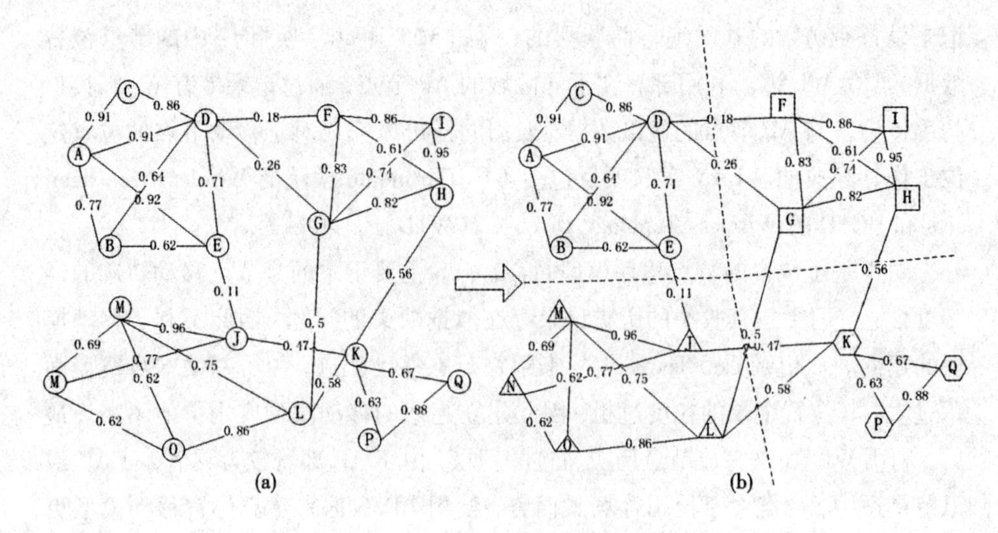

图 4.3　AP 位置划分

Fig.4.3　The clusters of APs

4.2.2　马尔可夫链预测模型

我们可以用马尔可夫模型来描述类似校园的应用场景：假设当前场景有 m 个地点，我们将地点 i 作为马尔可夫过程的第 i 个状态 X_i，则状态空间为 $E=\{X_1, X_2, \cdots, X_m\}$。由此，场景移动模型可以定义为 $\{X, T\}$，T 为时间序列。

在机会认知网络系统中，针对每个应用场景，我们可以利用马尔可夫链模型对各个节点未来的地点状态进行预测，具体的建模及预测过程如下。

(1)准备过程。预测前的准备过程包括以下几个步骤。① 确定状态集合。根据系统收集的用户行动轨迹，对数据中出现过的地点进行统计，记为集合 L。由于集合 L 包含多个地点元素，所以选择访问频次较高的地点集作为系统的状态集合 E，$E \subset L$。② 数据离散化处理。统计所有用户与状态集合 E 有关的数据，将每个用户的数据按照时间进行离散化，因此离散后的集合可以表示为

$$\{(t_k, X_i)\}, k=1, 2, 3, \cdots, i \in \{1, 2, 3, \cdots, m\} \tag{4.1}$$

③ 计算一步转移概率矩阵。设 n_{ij} 是观测节点 A 由 i 位置出发访问 j 位置的次数，则节点由 i 位置出发到达 j 位置的概率为

$$p_{ij}=\frac{n_{ij}}{n} \tag{4.2}$$

其中，n 为节点由 i 出发访问各位置的次数总和。

因此，设集合中有 m 个地点，则可以产生一个 $m \times m$ 的转移概率矩阵，即

$$\boldsymbol{P}=\begin{bmatrix} p_{11} & p_{12} & \cdots & p_{1m} \\ p_{21} & p_{22} & \cdots & p_{2m} \\ \vdots & \vdots & & \vdots \\ p_{m1} & p_{m2} & \cdots & p_{mm} \end{bmatrix} \tag{4.3}$$

(2)基于绝对分布的马尔可夫链预测。设 $p_j^{(l)}$ 是节点初始时刻 l 处于 X_j 状态的概率，取各个状态的概率，则可获得马尔可夫链的初始分布，记为

$$P(l)=(p_1^{(l)},\ p_2^{(l)},\ \cdots,\ p_m^{(l)}) \tag{4.4}$$

例如，取初始状态为 X_2，m=5，则初始分布 $P(l)=(0,\ 1,\ 0,\ \cdots,\ 0)$，则 $l+1$ 时刻的绝对分布为

$$P(l+1)=P(l)P=(p_1^{(l+1)},\ p_2^{(l+1)},\ p_3^{(l+1)},\ p_4^{(l+1)},\ p_5^{(l+1)}) \tag{4.5}$$

可认为，当 $l+1$ 时，系统所取的状态 X_j 满足 $X_j=\operatorname{argmax}\{p_j^{(l+1)}\}$。

(3)加权马尔可夫链改进预测。基于绝对分布的马尔可夫链利用状态转换矩阵和初始分布进行预测，简单直观，但由于状态转移概率测定不准和系统初始状态划分不科学等原因，这种方法的预测结果往往会产生较大误差。为了减小误差，用各种步长的马尔可夫链加权和来改进预测方法[27]。与普通的马尔可夫链预测相比，加权马尔可夫链可以更充分、合理地利用信息，并与相关分析有效结合，提高预测结果的准确率。

已知节点在 l 时刻的初始概率分布，我们可以多步预测递推 $l+t$ 时刻的概率分布：

$$\begin{aligned} P(l+t) &= P(l+t-1)\cdot P = P(l)\boldsymbol{P}^t \\ &= (p_1^{(l+t)},\ p_2^{(l+t)},\ p_3^{(l+t)},\ p_4^{(l+t)},\ p_5^{(l+t)}) \end{aligned} \tag{4.6}$$

其中，$P(l)$ 是初始状态分布，$\boldsymbol{P}^t$ 为多步转移概率矩阵。

我们还可以将 $l,\ l+1,\ \cdots,\ l+(t-1)$ 几个不同时刻的状态作为多步预测的初始状态，通过式(4.6)，分别推算出 $l+t$ 时刻的概率分布，最后通过加权的方式获得最后的预测分布。

设初始状态集合为 $I=\{X^{(l)},\ X^{(l+1)},\ \cdots,\ X^{(l+t-1)}\}$，为了描述方便，将集合 I 简记为 $I=\{X^{(k)}\}$，$k=1,\ 2,\ \cdots,\ t$，使用相关系数对各步结果进行加权，具体的加权公式如式(4.7)所示：

$$P(l+t)=\sum_{k=1}^{t}w_kP(l+k-1)P^{t-k+1} \\ =\{p_j^{(l+t)}\},\ j=1,\ 2,\ \cdots,\ m \tag{4.7}$$

其中，w_k 为相关权重，$w_k=\dfrac{|r_k|}{\sum|r_k|}$，$\sum w_k=1$ 且 $w_k\geqslant 0$，r_k 为相关系数。

时刻 $l+t$ 所处状态 X_j 满足式(4.8)：

$$X_j=\text{argmax}\{p_j^{(l+t)}\} \tag{4.8}$$

例如，若系统用前三个状态（l，$l+1$，$l+2$）去预测下一个状态，根据式(4.7)进行加权计算，则节点位置预测过程的列表分析如表 4.1 所示，通过权重、初始分布和转换矩阵三个要素计算 $l+3$ 时刻的概率分布 $P(l+3)$，则节点在 $l+3$ 时刻所处状态即为 $X_j=\arg\max\{p_j^{(l+3)}\}$。

表 4.1　加权马尔可夫链预测分析表

Tab. 4.1　The analysis table of weighted Markov prediction

初始时刻	状态	权重	初始分布	转换矩阵	1	2	3	4	5
l	4	w_1	$P(l)$	P^3	$w_1p_{41}^{(l)}$	$w_1p_{42}^{(l)}$	$w_1p_{43}^{(l)}$	$w_1p_{44}^{(l)}$	$w_1p_{45}^{(l)}$
$l+1$	1	w_2	$P(l+1)$	P^2	$w_2p_{11}^{(l+1)}$	$w_2p_{12}^{(l+1)}$	$w_2p_{13}^{(l+1)}$	$w_2p_{14}^{(l+1)}$	$w_2p_{15}^{(l+1)}$
$l+2$	3	w_3	$P(l+2)$	P^1	$w_3p_{31}^{(l+2)}$	$w_3p_{32}^{(l+2)}$	$w_3p_{33}^{(l+2)}$	$w_3p_{34}^{(l+2)}$	$w_3p_{35}^{(l+2)}$
$P(l+3)$					$p_1^{(l+3)}$	$p_2^{(l+3)}$	$p_3^{(l+3)}$	$p_4^{(l+3)}$	$p_5^{(l+3)}$

4.2.3　基于社会关系的预测优化

现实社会中，人与人之间具有社会关系，且社会关系有强有弱。用个体间的接触时间和接触次数来衡量节点间的社会关系强弱，即强关系的个体接触时间长，接触次数多；弱关系的个体接触时间短，接触次数少。在现实生活中，一个个体通常与少数个体具有较强的关系，我们将较强关系个体组成的群体称为社团(community)。

社团内部节点之间的连接相对紧密，而不同社团之间的连接相对稀疏。同一社团的个体，会经常地聚集在某几个地方（下文统称为社团位置），而有些地方不经常去。一般个体移动到不同位置的概率和停滞时间不同，个体通常移动到社团位置的概率较大，停滞时间较长；移动到非社团位置的概率相对较小，停滞时间相对较短。

根据社会节点的群居性特征，我们要对某一节点下一时刻的位置进行预测，如果在当前时刻某一位置汇聚了很多与其社会关系亲密的节点，则该节点下一时刻移动到该位置的概率相对较大。因此，我们可以用社会关系去估计节点未来的位置，以优化马尔可夫模型的预测结果。

利用社会关系对位置信息进行预测，我们首先需要获得节点间的社会关系权值，而接触频率往往被作为衡量节点间社会关系强弱的一个标准[30]。对于机会认知网络系统而言，我们往往认为接触频率较高的节点联系更为密切、协作性更高，因此具有更强的社会关系。同时在社会关系量化过程中，接触频率的计算需要与时间关联在一起，只有在连续较长的时间产生的接触状态对系统来说才是有意义的。

定义 4.1　移动节点 A 与 B 在统计时长 T 内的接触记录表示为 $M=\{(t_i^s, t_i^e)\}$, $i=1, 2, \cdots, n$, 其中，n 是接触次数，t_i^s 表示第 i 次接触开始的时间，t_i^e 表示第 i 次接触结束的时间。则节点 A 与 B 的接触概率 $W(A, B)$ 如式(4.9)所示：

$$W(A, B)=\frac{\sum_{i=1}^{n}(t_i^e - t_i^s)}{T} \tag{4.9}$$

根据接触概率量化公式(4.10)，我们可以获得系统中节点的社会关系矩阵，根据矩阵对节点关系进行社团划分，确定关系较为亲密的节点子群。鉴于现有复杂网络聚类算法已经比较成熟，本书使用 Girvan-Newman 聚类算法[26]作为社团划分的基本算法。

假设我们希望利用社会关系对节点 A 下一时刻到达某一位置 $i(i= 1, 2, \cdots, m)$ 的概率进行计算，已知节点 A 所处于的社团为 C ，将当前时刻该社团中处于位置 i 的节点集合记为 $S=\{S_1, \cdots, S_j, \cdots, S_n\}$ ，其中 $S\subseteq C$ ，则根据条件概率有

$$P_i(A \mid S_j)=\frac{P_i(A, S_j)}{P_i(S_j)}, j=1, 2, \cdots, n \tag{4.10}$$

其中，$P_i(A \mid S_j)$ 代表在节点 S_j 处于 i 位置的条件下节点 A 到达位置 i 的概率；$P_i(S_j)$ 代表节点 S_j 继续留在 i 地点的概率，它可以通过马尔可夫模型计算获得；$P_i(A, S_j)$ 代表节点 A 与节点 S_j 在 i 位置相遇的概率，具体计算公式如式(4.11)所示：

$$P_i(A, S_j) = \frac{f_i(A, S_j)}{\sum_{i=1}^{m} f_i(A, S_j)} \tag{4.11}$$

其中，$f_i(A, S_j)$ 代表节点 A 与节点 S_j 在 i 位置的相遇次数。

设节点 A 与节点 S_j 的关系权值 $W(A, S_j) = \rho_j$，则下一时刻节点 A 到达位置 i 的概率为

$$P_i(A) = \sum_{j=1}^{n} \lambda_j P_i(A \mid S_j), \ \lambda_j = \frac{\rho_j}{\sum_{j=1}^{n} \rho_j} \tag{4.12}$$

其中，λ_j 为各条件概率的权值，它通过节点 A 与节点集 S 中所有节点的关系权值进行归一化处理得到 $\sum_{j=1}^{n} \lambda_j = 1$。

根据 C 内所有节点的位置分布情况，我们可以获得节点 A 到达不同位置的概率，结合之前马尔可夫模型的预测结果，通过加权公式(4.13)计算获得节点 A 到达所有位置的概率分布，取访问概率最大的位置作为预测算法的输出。具体计算公式如式(4.13)所示：

$$P_i = \alpha P_i^{social} + \beta P_i^{markov} \tag{4.13}$$

其中，P_i^{markov} 为马尔可夫模型针对状态 X_i 的位置预测概率，P_i^{social} 为基于社会关系的预测模型针对位置 i 预测概率。

令权重 $\alpha + \beta = 1$，式(4.13)可进一步表示为式(4.14)：

$$P_i = \alpha(P_i^{social} - P_i^{markov}) + P_i^{markov} \tag{4.14}$$

其中，$P_i^{social} - P_i^{markov}$ 为社会关系预测模型对马尔可夫模型的修正因子，α 为修正系数。

利用本节提出的基于社会关系的预测优化方法，我们可以对基于绝对分布的马尔可夫模型进行优化，将其记为 $SMLP_1$；同时对加权马尔可夫模型进行优化，将其记为 $SMLP_N$。对于马尔可夫预测模型而言，随着移动用户的活动，转移概率矩阵将逐渐变得不再稀疏，预测的准确率也会随之下降，利用社会关系对预测结果进行优化，有助于转移概率矩阵的稀疏化，对于提高模型预测精度具有很好的效果。

4.2.4 修正系数参数估计

对于式(4.14)中提出的修正系数 α，我们可以通过普通最小二乘法进行参

数估计。参数估计的过程为：

从数据集中随机抽出数量为 n 的连续样本集 $Y=\{y_i\}$，$i=1, 2, \cdots, n$，其中 $y_i=(y_1^{(i)}, y_2^{(i)}, \cdots, y_m^{(i)})$ 表示第 i 个样本(时刻)节点的位置分布。$y_j^{(i)}$ 定义如式(4.15)所示，当节点处于 j 位置时 $y_j^{(i)}$ 取值为1，否则取值为0。

$$y_j^{(i)}=\begin{cases}0, 位置 \neq j \\ 1, 位置 = j\end{cases}, j=1, 2, \cdots, m \tag{4.15}$$

计算相应时刻的预测结果集合 $X=\{x_i\}$，$i=1, 2, \cdots, n$，其中 $x_i=(x_1^{(i)}, x_2^{(i)}, \cdots, x_m^{(i)})$ 表示第 i 个时刻通过概率判断出的节点位置分布。$x_j^{(i)}$ 定义如式(4.16)所示，其中 $p_j^{(i)}$ 表示 i 个时刻节点处于 j 位置的概率，计算方法见式(4.14)：

$$x_j^{(i)}=\begin{cases}0, j \neq \operatorname{argmax}(p_j^{(i)}) \\ 1, j = \operatorname{argmax}(p_j^{(i)})\end{cases}, j=1, 2, \cdots, m \tag{4.16}$$

利用普通最小二乘法，α 从0~1取值，令 $\sum_{t=1}^{h}(n-\sum_{i=1}^{n}(x_i \cdot y_i))^2$ 方差结果取值最小，则可以获得最佳的修正因子值。最后的 α 计算公式如式(4.17)所示：

$$\alpha=\operatorname{argmin}\left(\sum_{t=1}^{h}\left(n-\sum_{i=1}^{n}(x_i \cdot y_i)\right)^2\right) \tag{4.17}$$

其中，h 为节点的个数。

通过参数估计方法，我们可以利用历史数据来估计修正系数 α，使算法能够更好地适用于具体场景，以此来进一步提高算法的准确度。

4.3 实验分析

4.3.1 仿真实验配置

在进行机会认知网络系统机会特征研究时，节点通信需要通过节点移动带来的相遇机会来完成，因此节点移动模型研究对机会连接条件下的参与式应用来说尤为重要。本章采用WTD数据集对算法进行实验。WTD数据集记录了UCSD校园内275个携带PDA设备的用户与部署的AP间约11周的通信数据。

由于 WTD 数据集对本书实验来说相当庞大，因此我们选择了其中一个月（前 5068105 条）的数据对算法进行了仿真。在截取的数据集中共有 267 个节点、447 个 AP，我们取定 λ 值为 0.2，根据 AP 位置的邻近性对其进行聚类，共抽取出 269 个地点位置。

4.3.2 社会关系矩阵析取

为了利用社会关系对用户的移动轨迹进行预测，我们首先需要了解系统中节点的社会网络结构。我们使用接触因素来对数据集中的用户关系进行量化，量化结果如图 4.4 所示，其中图 4.4(a) 为 WTD 数据集的节点社会网络结构，图 4.4(b) 为使用 Girvan-Newman 算法聚类后的节点关系，图中相同颜色的节点具有更为密切的社会关系。通过聚类后，可以将当前时刻该社团中处于具体位置的节点集合 S 析取出来，用于下一步的分析和计算。

4.3.3 预测精确度分析

为了对预测模型的精度进行评测，将整理后的用户位置信息分为两部分：一是按照时间从原始信息中抽取前 50% 的数据作为训练数据集用于模型的训练，二是剩下的 50% 作为预测模型的测试数据集。预测精度 P_{result} 的计算公式如式（4.18）所示：

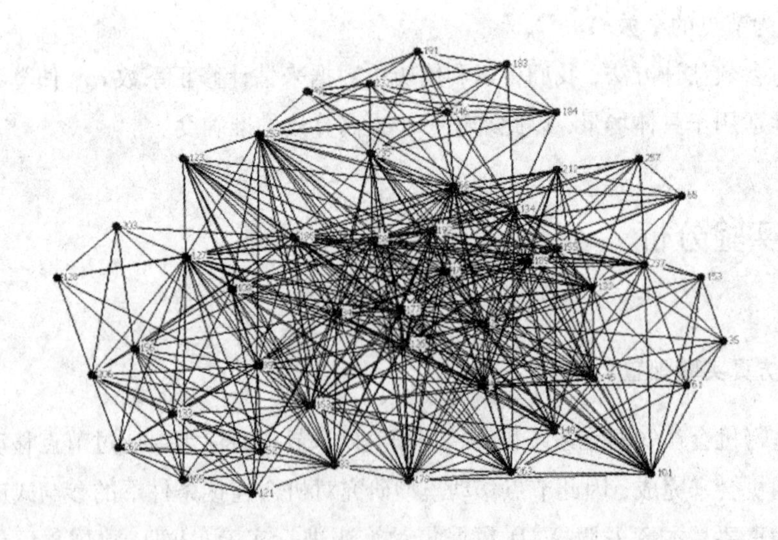

(a)

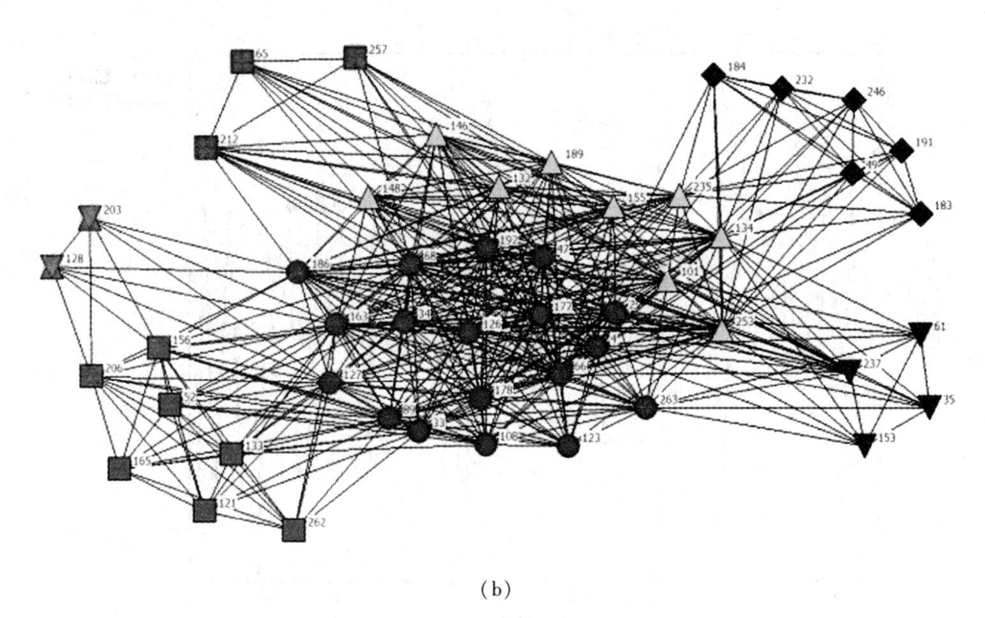

(b)

图 4.4　WTD 数据集中的节点社会网络结构

Fig.4.4　Social network structure of nodes in WTD data set

$$P_{\text{result}} = \frac{\sum_{i=1}^{n} accuracy_i}{n} \tag{4.18}$$

其中，n 表示预测次数，$accuracy_i$ 定义如式(4.19)所示，表示对第 i 个预测位置是否预测正确。

$$accuracy_i = \begin{cases} 1, & \text{当预测正确} \\ 0, & \text{当预测错误} \end{cases} \tag{4.19}$$

首先，使用测试数据集对训练后的标准马尔可夫模型(SMM)及 $SMLP_1$ 进行测试。图 4.5 显示了两种预测模型对各用户位置的预测精度，图 4.5(a)是编号为 1~89 节点的预测精度，图 4.5(b)是编号为 90~179 节点的预测精度，图 4.5(c)是编号为 180~267 节点的预测精度。从图中可以看出，$SMLP_1$ 与 SMM 相比，预测精度有一定的提升。

接着，我们将 $SMLP_N$，$SMLP_1$ 及二阶马尔可夫链模型(O2MM)进行了对比。图 4.6 为三种模型预测精度的对比图，可以看出，$SMLP_N$ 模型与 $SMLP_1$ 相比，预测精度有了进一步的提升，同时与公认预测效果较好的 O2MM 相比，具有相当的预测精度。

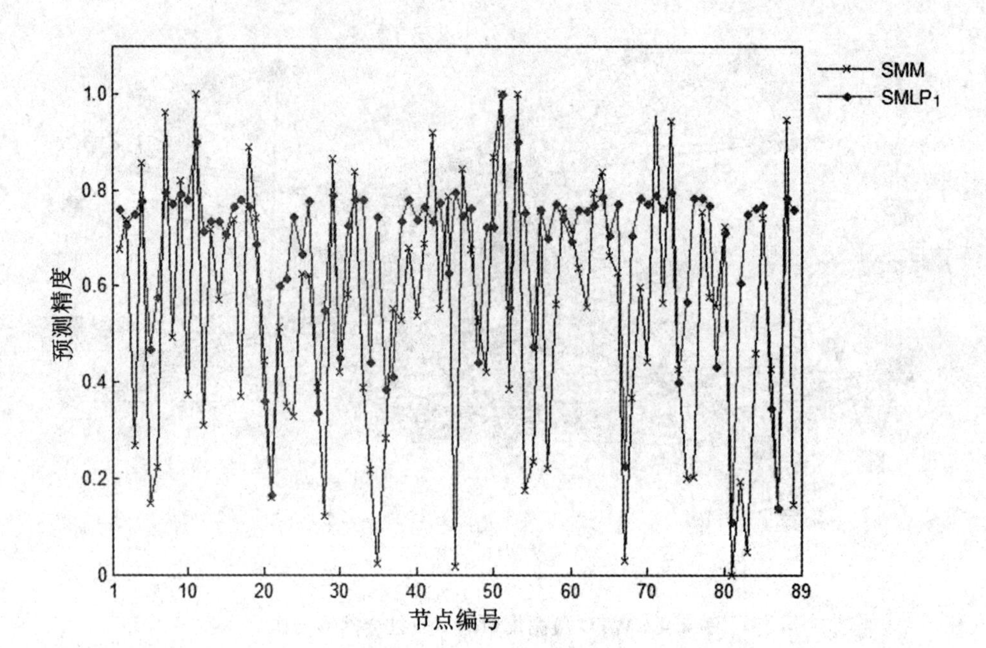

(a)1~89 节点的预测精度

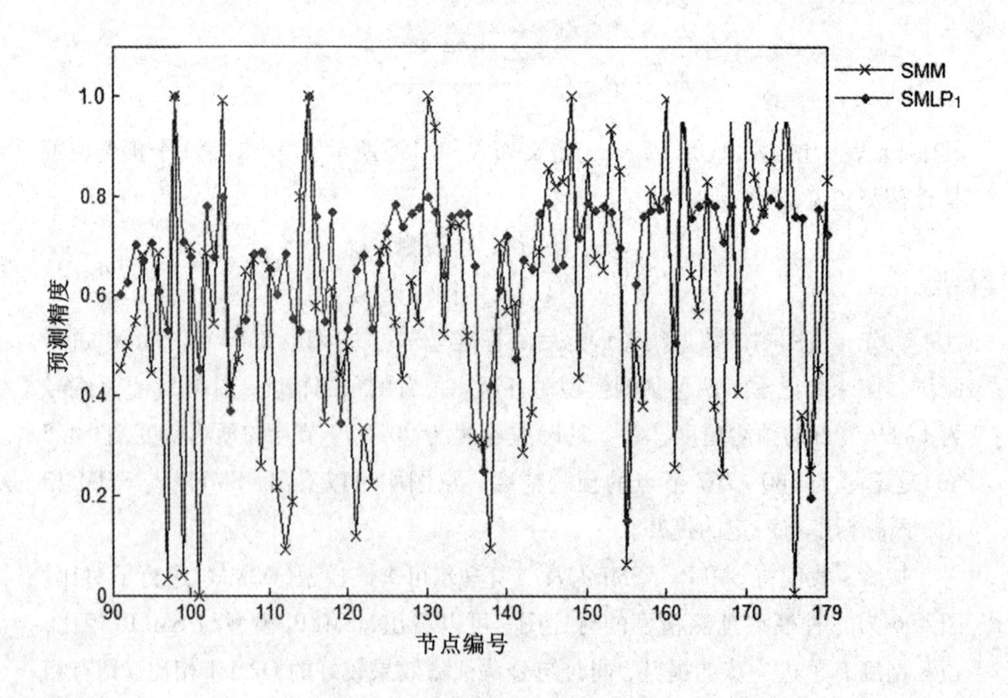

(b)90~179 节点的预测精度

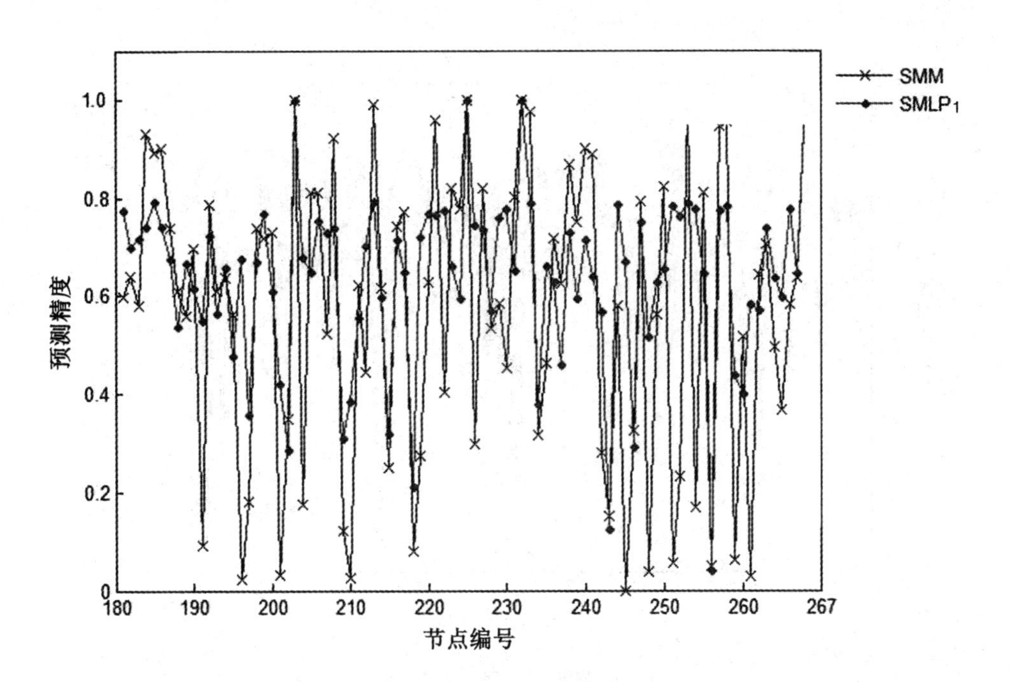

(c) 180~267 节点的预测精度

图 4.5　SMM，$SMLP_1$的预测精度对比

Fig.4.5　The comparison of prediction accuracy of SMM and $SMLP_1$

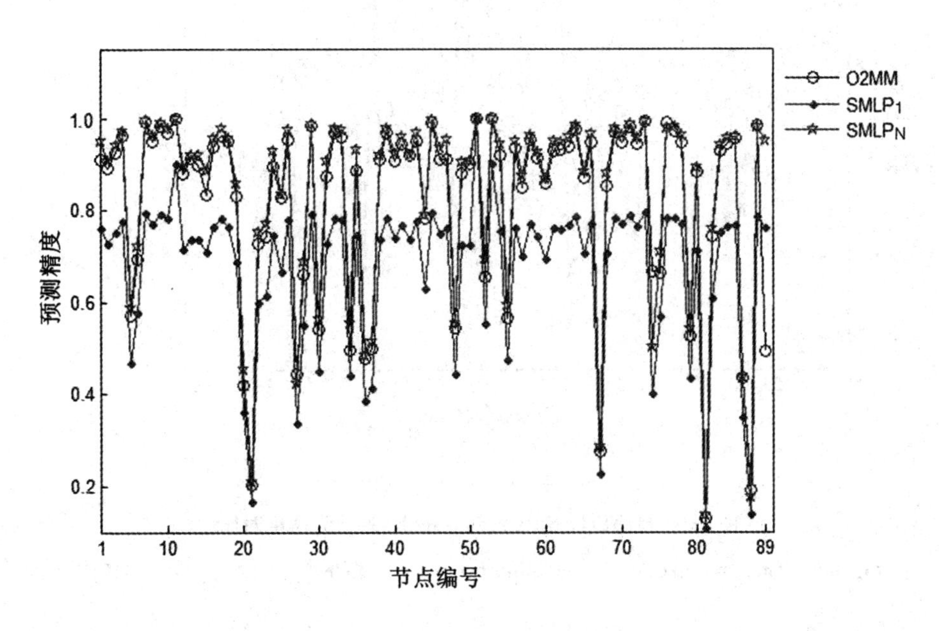

(a) 节点 1~89 的预测精度

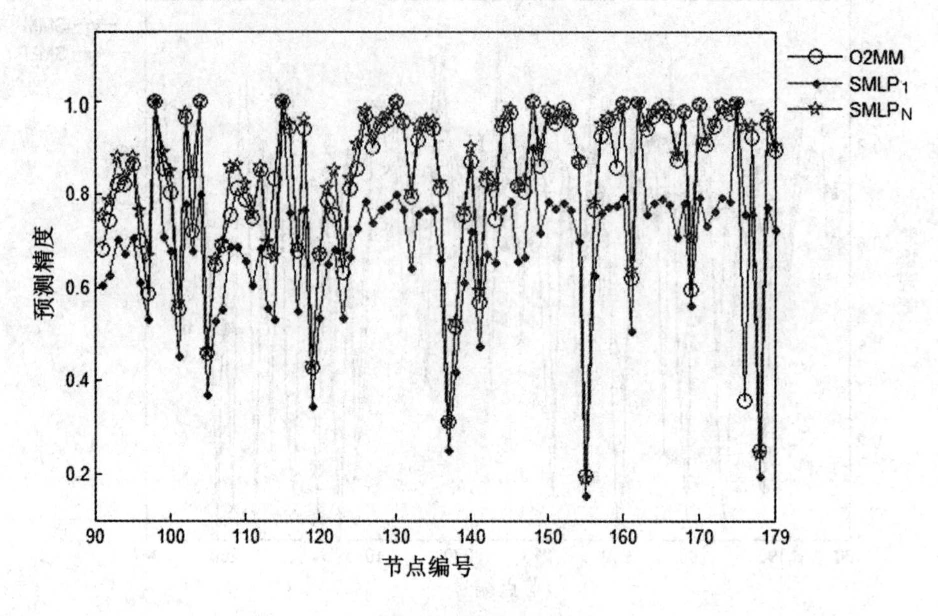

(b) 节点 90~179 的预测精度

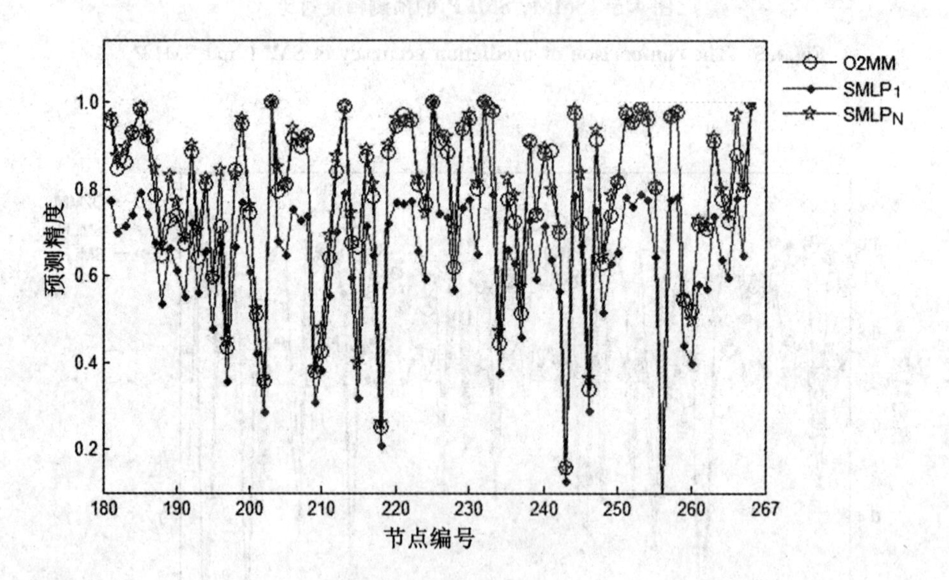

(c) 节点 180~267 的预测精度

图 4.6　O2MM，$SMLP_1$和 $SMLP_N$的预测精度对比

Fig.4.6　The comparison of prediction accuracy of O2MM，$SMLP_1$ and $SMLP_N$

图 4.7 描述了 $SMLP_N$，O2MM 及 $SMLP_1$ 在不同预测精度范围下的节点数量分布情况，从图中我们可以看出 $SMLP_N$ 在较高的预测精度范围节点分布数量最多，O2MM 稍逊，$SMLP_1$ 数量最少。例如，$SMLP_N$ 预测精度大于 90% 的节点共有 133 个，O2MM 有 117 个，而 $SMLP_1$ 只有 34 个。

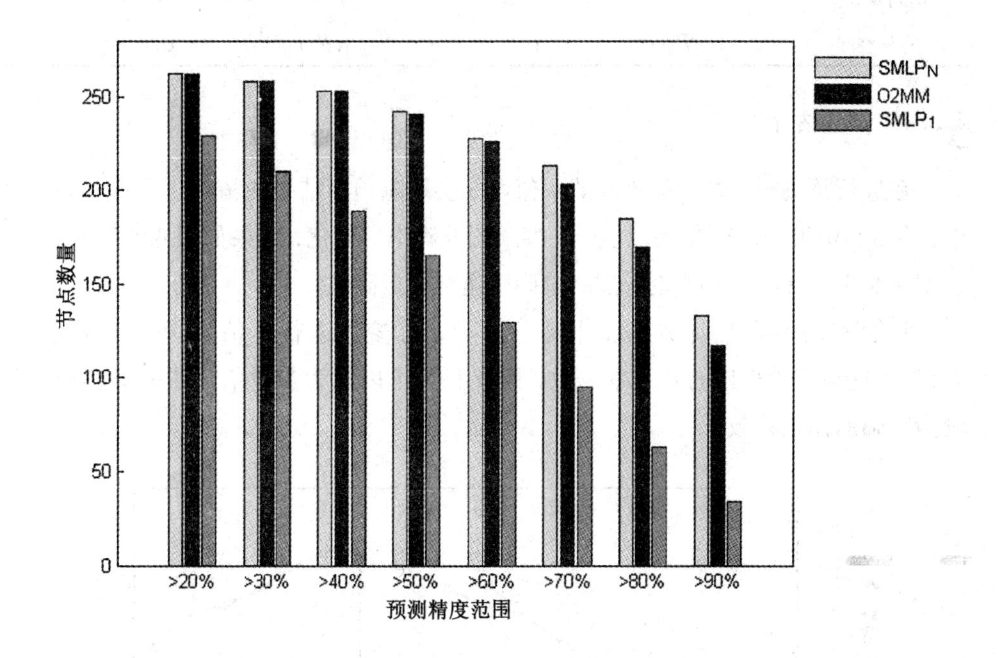

图 4.7　不同预测精度范围的节点数量情况

Fig.4.7　The node quantity at different range of prediction accuracy

最后，我们对各种模型的算法性能做了比较，比较结果如表 4.2 所示。从表 4.2 中可以看出，基于社会关系的预测模型相对于标准的马尔可夫模型提高了接近 25% 的预测精度，而相对公认预测效果较好的二阶马尔可夫链模型而言精度提高不大。在空间代价比较上，基于社会关系的预测模型状态空间的复杂度为 $O(N)$，而二阶马尔可夫链模型为 $O(N^2)$，其中，N 为应用场景中的位置数目；基于社会关系的预测模型的存储空间需求为 $O(N^2)$，而二阶马尔可夫链模型为 $O(N^3)$。因此，我们可以得出结论，基于社会关系的预测模型能够以比二阶马尔可夫链模型小得多的空间代价获得与二阶马尔可夫链模型相似的预测精度，具有较高的实际应用价值。

表 4.2　算法性能比较

Tab.4.2　Performance comparison of different algorithms

	SMM	O2MM	$SMLP_1$	$SMLP_N$
预测精度	0.5610	0.8030	0.7126	0.8349
时间复杂度	$O(N)$	$O(N^2)$	$O(N)$	$O(N)$
存储空间	$O(N^2)$	$O(N^3)$	$O(N^2)$	$O(N^2)$

4.3.4　参数估计

在进行预测时，修正系数 α 的取值可能会影响预测结果的精度。在本实验中，令 α =0.01~0.9，依次取值，观察预测准确率的变化，结果如图 4.8 所示。在图 4.8 中，当 α = 0.65 时，预测精确度达到了最高值。

我们利用参数估计方法，即式(4.17)，对参数进行了估计，得到 α = 0.622。这与实验得出的 α 基本一致，因此我们可以认为参数估计法能够获得较为准确的修正系数。

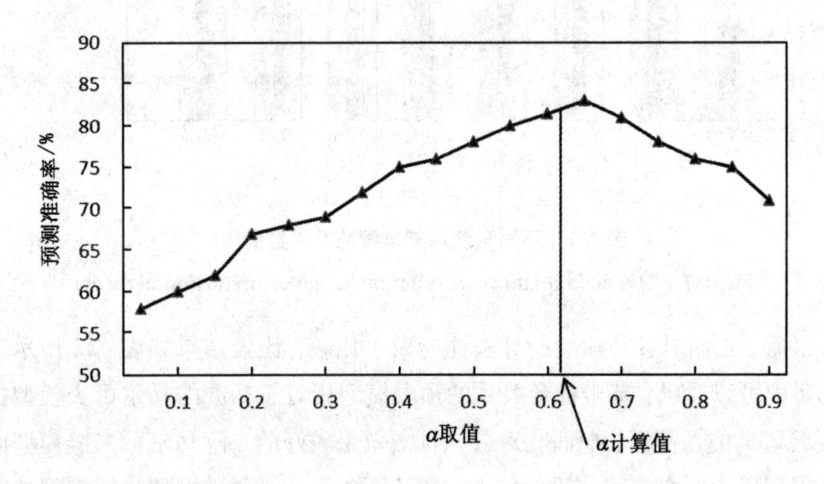

图 4.8　修正系数对预测准确率的影响

Fig.4.8　The influence of prediction accuracy at coefficient parameters

通过实验我们可以看出，参数 α 的取值对最后的预测精度会产生一定的影响：当 α 取值较小时，马尔可夫预测模型对最后预测结果影响较大，因此算法对于节点位置改变不频繁的情况预测更加准确；当 α 取值较大时，社会关系对最后预测结果产生较大影响，因此算法对位置经常变更的移动节点预测更加准确。

4.3.5　位置模型中区域粒度对预测精度的影响

在基于位置的节点移动模型中，位置区域粒度的大小将会对预测算法的准确性产生一定的影响。为了测试不同区域范围下的算法性能，我们通过调整阈值 λ 的大小来获得不同的位置区域粒度，以此来验证不同算法在不同条件下的准确性，具体的实验结果如图 4.9 所示。

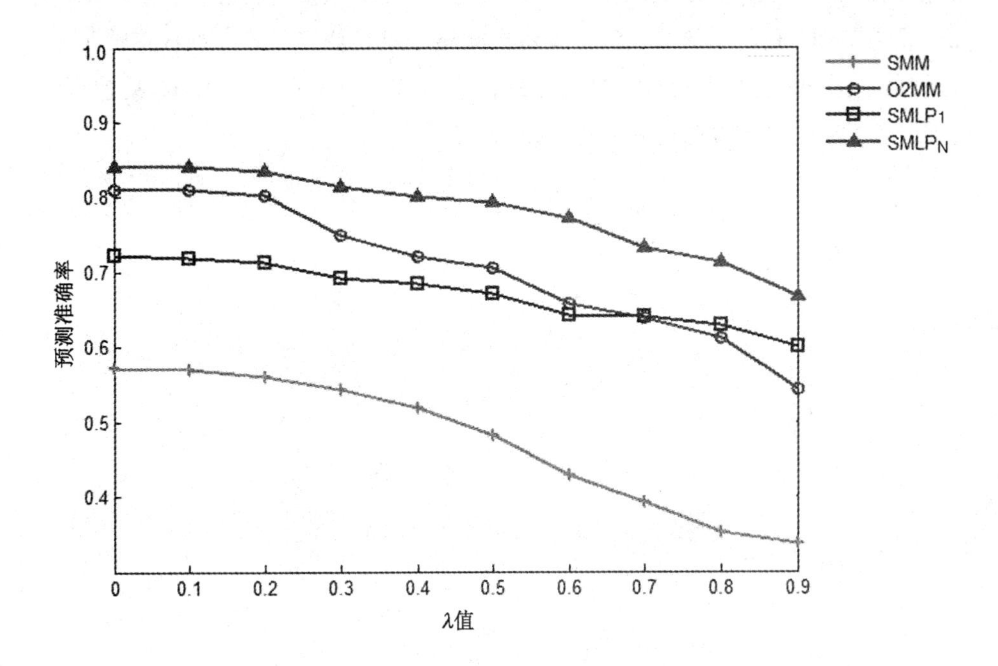

图 4.9　位置粒度对预测准确率的影响

Fig.4.9　The influence of prediction accuracy at different location gradularity

如图 4.9 所示，随着 λ 值的变大，模型中位置区域粒度逐渐减小，四种算法的准确性也随之降低。比较四种算法，SMM 与 O2MM 受位置因素影响更为明显，准确性下降了接近 25%；而 SMLP 受位置粒度因素影响较小，下降趋势较为平缓。通过此实验证明，模型的位置粒度是影响预测精度的重要指标，随着位置覆盖范围变小，节点的移动轨迹位置变换得更加频繁，预测难度也会有所升高，而 SMLP 算法对于这种位置粒度的变化具有较好的适应性。

4.4 本章小结

本章介绍了机会认知网络系统的概念及其相关应用，分析了移动节点位置预测对机会认知网络系统的重要意义。其次，提出了一种基于社会关系的移动节点位置预测算法(SMLP)。该算法基于位置对应用场景进行建模，以马尔可夫模型为基础，利用其他节点的位置对预测结果进行修正，通过对状态转移矩阵的稀疏化，提高模型的预测精度。最后，使用USCD WTD数据集对预测算法进行了实验，验证了算法的有效性。

第 5 章　基于位置预测的生物启发式数据分发算法

机会认知网络是一种将认知网络技术应用到延时容忍网络中的智能通信网络。本章重点研究机会认知网络中的数据分发问题。由于机会认知网络中节点移动的不确定性，网络拓扑具有机会性和不确定性，节点之间的数据分发业务不能形成稳定的端到端连接路径，需要采用认知技术实现节点之间有效的数据转发，从而形成端到端的数据分发路径。为保证机会认知网络中的高效数据分发，本章基于位置预测算法和群体智能算法提出了三种数据分发算法：基于位置预测的数据分发算法(location prediction based data dissemination，LOPDAD)，基于蚁群优化的数据分发算法(ant colony optimization based data dissemination，ACODAD)，基于位置预测的群体智能数据分发算法(location-prediction and swarm-intelligence based data dissemination，LOPSI)。这三种算法都能够用于机会认知网络中不同的网络应用部署，为机会认知网络中的数据分发服务寻找到有效的端到端路径。

5.1　引言

目前，认知网络在商业和生活中应用广泛，其与社群智能相结合，能够支持公众媒体、移动社会网络、环境监测，以及交通控制等泛在化的服务应用、大规模数据采集和云计算。机会网络为促进人类与物理世界之间的通信提供了理想的解决方案，而认知网络技术能够为机会网络的通信系统提供基于启发式方案的算法设计和系统实施。携带智能移动设备(例如智能手机或者 PDA)的人群成为机会认知网络进行环境感知和通信的主体部分，在此基础上设计的应用服务能够显著的改进社会个体与群体的日常生活。人类作为机会认知网络系统的参与者，其本身具有的移动属性能够是实现网络系统广域的时间和空间覆盖，并且使系统能够观测各种事件。CarTel[161]通过部署在汽车等移动设备上的传感器，设计了一个能够实现数据的采集、处理、传递及可视化的移动传感器计算系统。PEIR[184]是一个机会认知网络的应用系统，通过移动手机进行位置数据采样，查找交通、天气等信息，使用有效的模型估测环境状况。

机会认知网络也是一种延迟容忍网络，通过节点移动而产生的通信机会进行数据的传递，即使移动节点之间不存在一条连通的路径也能够实现数据通信。机会认知网络基础的路由策略是“携带—存储—转发”。数据源节点与目的节点之间的路由，可以由任何有可能使数据信息更接近目的节点的移动节点作为中继节点。数据的传输主要依靠中间的转发节点，因此中继节点的选取是机会认知网络实现有效的数据传递的关键。

5.2 相关工作

由于人类的移动具有极大的不确定性，因此传统基于移动自组织网络(mobile ad-hoc networks，MANETs)的路由算法并不适用于机会认知网络，需要设计满足机会认知网络间歇性连通的网络特性的路由算法。

随机路由协议，其中典型的路由算法有 Epidemic[185]，first contact(FC)[186]及 direct delivery(DD)[56]，该类算法的特点是将消息广播到任意相遇节点，从而提高消息的传输成功率。Epidemic 路由算法与生物学中的病毒或者细菌的扩散方式类似，每当遇到一个节点，消息携带节点复制并且传递消息；接收到消息的节点移动到其他位置，继续复制并且传递消息给与其相遇的节点。FC 路由算法改进了传染路由算法，该算法将消息复制并传递给与其相遇的第一个节点，对于其他节点则不进行消息的传递。DD 路由算法对 Epidemic 及 FC 路由算法进行分析比较，从而优化复制消息副本的数量。由于移动节点的存储空间有限，虽然生成消息副本的数量增加能够暂时提高消息的传输成功率，但却降低了整个网络的生命周期。

随机路由算法通常考虑信息投递的目的节点而不是节点所在的位置。与随机路由算法不同，基于接触的路由算法在相遇节点中选择最适当的节点进行消息的传递，节点选择策略可以依据节点之间的历史接触信息，其包括接触时间、接触时长及接触周期等。PROPHET[187]是一种基于历史相遇信息的接触路由算法。该算法在数据携带节点传递消息之前估计相遇节点到目的节点的传输概率，传输概率的预测是基于节点之间的相遇信息记录。文献[82]使用历史接触信息计算节点之间的相似度和介数。相似度是指待转发节点与目的节点相遇的频次，介数是指转发节点遇到过的节点数量。但是如果相似度与介数的效用相等，该算法将阻止消息转发行为。为了避免这一问题，Bubble[188]算法通过群组构造来保证消息分发。另外，如果携带消息的节点非常接近目的节点，介数就不具有度量的效用。SimBetAge[189]是 SimBet 的改进算法，该算法避免了上述问题。

通过节点行为的历史信息进行统计分析，并进一步预测节点的行为，基于此种机制设计的路由算法也适用于机会认知网络。Spray and Wait[51]是一种基于数据统计优化的路由机制，每一个消息产生固定的副本数量，通过尽量少的传输次数减少消息的传输延迟。文献[58]中的路由机制通过简单计算移动空间中某个节点到达某一位置的传输概率，建立一个基于预先已知移动模型的高维欧式空间。然而，该算法要求每一个节点具有网络中所有其他节点的移动模式信息，因此在真实的网络应用中很难实践。在机会认知网络的实际应用系统中，基于历史信息预测节点行为的路由机制[190-194]在实际的交通管理控制系统中取得了较好的应用实效，提高了交通管理控制系统的性能。

考虑到路由协议的最优性、健壮性和可扩展性，一些路由协议的设计结合了生物启发式算法等智能优化算法。蜂群算法起源于在蜜蜂寻找食物中遵循的原则[195]，基于蜂群算法及其衍生算法的通信机制，一般是通过设计智能蜜蜂代理的功能完成规模较大的具有复杂拓扑的网络系统的路由决策服务。文献[196]提出了一种生物式启发的离散事件建模方案，并将其应用于仿真可相互替换的计算机网络协议。该方案将适应性和概率特性引入到 honeybee 和 RIP (routing information protocol)路由算法中。人工蜂群算法[197](artificial bee colony algorithm，ABCA)被应用在车载网络中，结合浏览策略，为周期性车载路由问题提供解决方案。

蚁群优化(ant colony optimization，ACO)方法起源于蚂蚁种群进行觅食的工作原理[198]，对于蚂蚁种群而言，这些原理使它们完成了筑巢和觅食这类复杂的任务[199]。Schoonder woerd[200]首次将蚁群算法应用于电信网络的路由机制中。该方案基本的原则是在多代理的交互之中采用激励策略，随机游走的蚂蚁遍历网络中的节点，然后选择蚂蚁访问概率最高的路径作为优化路径。该路由算法在整个网络条件较差时，充分显示了算法的适应性和鲁棒性。Yao B

Z[201-202]通过改进 ACO 解决传输路由问题和调度优化问题，并将算法应用于智能交通网络中，验证了算法的实用性。

上述机会认知网络中的路由算法和群体智能的优化路由机制并没有充分考虑在以人类为移动主体的机会认知网络中，节点之间的接触和相互关系与地理信息的关联性问题。移动节点通常频繁的在不同的区域之间移动，就像人类日常生活的移动模式。在以人为中心的节点移动轨迹中，地理位置状态信息是非常重要的标识，尤其对于机会认知网络提供的社会化应用服务。节点之间的接触信息与地址位置状态密切相关。例如，在某些位置状态，节点相遇次数较多；而在其他位置状态，节点通常接触时间较长。在机会认知网络的消息分发机制中，考虑移动节点的位置状态信息，并且与节点之间的接触特征相结合，有助于提高消息在网络中的传输效率，并优化整个数据分发业务在全网的性能。

本章提出了三种机会认知网络中的数据分发算法。LOPDAD 算法根据移动节点的位置预测机制计算待转发节点的转发概率，从而确定数据分发的节点集，该算法基于集中式和分布式结合的网络系统结构。ACODAD 该算法采用蚁群优化机制，用生物启发式模型构建节点的亲密度模型，从而选择转发概率最高的节点集合进行数据分发，适用于分布式机会认知网络环境。LOPSI 是基于位置信息预测与群体智能优化的机会认知网络数据分发算法，该算法是一种概率路由与接触路由相结合的数据分发机制。首先，预测中继节点与目的节点在未来连续时间序列的位置状态集合，通过蚁群优化算法计算中继节点与目的节点之间的亲密度；其次，通过位置信息和亲密度计算中继节点的消息转发概率；最后，依据系统状态确定转发概率较大的移动节点作为消息转发的中继节点。

5.3 网络模型

如 5.2 节所述，LOPSI 算法是基于位置预测和蚁群优化的概率路由与接触路由相结合的数据分发机制，通过相遇节点和目的节点的位置信息及亲密度的信息计算转发概率，确定下一跳转发节点集合。本章提出的算法应用系统，移动节点可以接入两种不同的网络：所有的移动节点可以连接到一个几乎经常断开的网络，在短距离通信范围内具有高带宽，可以实现节点之间的数据传输；同时，部分节点可以接入到一个连通的网络，虽然通信范围较大，但是传输速率较低，仅用于传输控制消息。因此，网络模型包括两部分，即由移动节点组成的分布式机会认知网络与进行位置数据采集和预测的集中式位置预测服务系统，如图 5.1 所示。

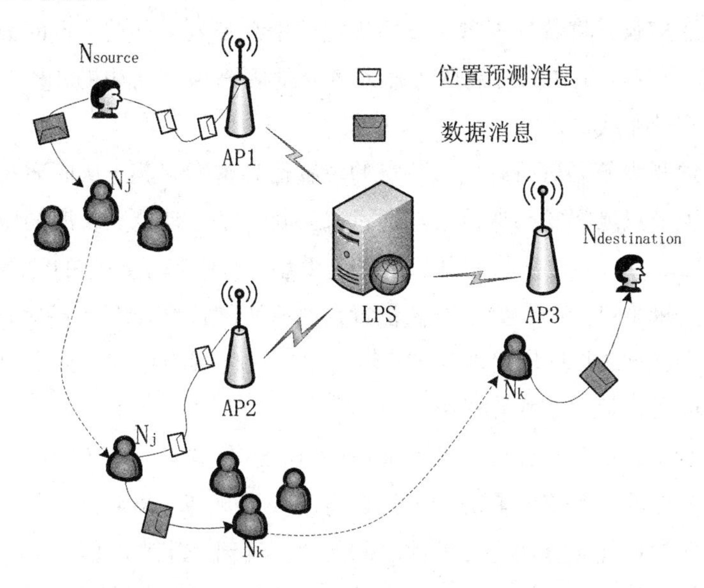

图 5.1　基于位置预测的机会认知网络数据分发的网络模型

Fig.5.1　Network model for location-prediction-based datadissemination in opportunistic cognitive network

位置预测服务系统采用集中控制方式工作，其由部署在地理位置上的无线接入点(wireless access points，APs)及位置预测服务器(location prediction server，LPS)组成。当移动节点(携带智能设备)进入到任何 AP 的覆盖范围，都可以接入到位置预测服务器。每个 AP 周期性的上传移动节点的连接记录到 LPS，从而将所有接入 AP 的节点的移动位置信息记录在位置数据库中。假设在校园网络环境中，所有建筑物及室外活动场所都部署了无线接入点，移动节点可以通过这些接入点连接到 LPS，来请求和接收位置预测消息。然而，所有移动节点之间的数据消息传递需要依靠节点之间相遇机会，通过节点之间的有线或者无线信道进行传递。LPS 具有强大的数据处理能力，通过 APs 采集接入的移动节点位置信息，完成复杂的计算任务，从而为申请位置预测请求的节点提供预测信息，位置预测信息的准确率可以提高 LOPSI 算法的消息传输成功率。

移动节点只在本地缓存中存储与其接触的节点的相遇信息。基于相遇信息，每个节点获取接触节点与目的节点的亲密度值，计算出到达目的节点的消

息转发概率。节点之间的数据通过相互可以连接的短距离通信媒介(例如 ZigBee, Bluetooth, NFC, Wi-Fi direct 等)实现通信。移动节点依据自身状态，选择最适合的通信媒介将数据消息转发给确定的中继节点。移动节点的数据转发在本地完成，不需要集中式控制服务器或者其他客户系统的协助，整个数据分发过程是完全分布式的。

位置预测服务器对所有接入节点的位置信息进行采集，从而通过节点的移动轨迹预测节点之间的相遇机会。通过采集每一个移动节点长期的位置状态信息，构建移动节点的位置状态马尔可夫链模型，从而基于部分的位置状态信息预测出节点未来可能的位置状态。位置预测算法的计算在 LPS 端完成，与移动客户端完全独立，并且位置预测服务器得出的最优解与移动节点通过蚁群优化算法得到的最优解并不相互影响。

APs 不仅是移动节点与 LPS 的通信中继，还在整个网络环境中代表地理位置。移动节点的位置移动取决于个体自身的移动规律，当遇到其他节点，移动节点会采用蚁群优化算法计算彼此之间的亲密度值。亲密度值真实地反应了节点之间的接触状态，随着节点之间接触的频度等属性值不断累积；反之，则会随着时间而消退。

以校园网络环境为例，当移动节点有数据消息发送给某目的节点，移动节点可以通过距离最近的 AP 向 LPS 询问目的节点及周围邻居的位置状态趋势。LPS 通过位置预测算法，计算出在未来连续时间片(阈值时间限制)内与目的节点出现在相同位置邻居节点集合，然后将节点集合中的节点按照相遇概率和时间片值进行排序，组成由节点 ID、相遇概率、相遇时间片组成的有序元组集合返回给问询移动节点。移动节点再结合邻居节点与目的节点的亲密度值，计算出转发概率，确定最终的转发节点集合。采用这种集中式的位置预测与分布式移动系统相结合的网络模型，有效地利用现有基础设施中部署的无线局域网进行位置预测服务，而不会增加整个机会认知网络的传输负担。在此基础上设计的数据分发算法，相对于其他随机路由或概率路由机制具有较高的传输成功率和较低的网络开销，从而提高了整个机会认知网络的数据分发效率。

5.4 算法设计

本节详述了为解决间歇性连通的机会认知网络中的数据分发问题而提出的

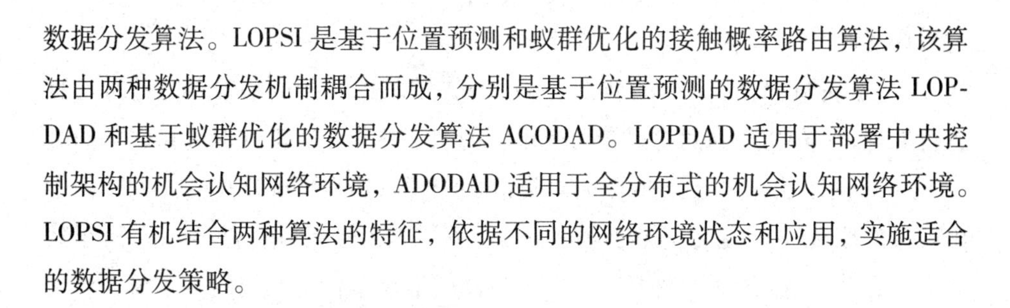

数据分发算法。LOPSI 是基于位置预测和蚁群优化的接触概率路由算法，该算法由两种数据分发机制耦合而成，分别是基于位置预测的数据分发算法 LOPDAD 和基于蚁群优化的数据分发算法 ACODAD。LOPDAD 适用于部署中央控制架构的机会认知网络环境，ADODAD 适用于全分布式的机会认知网络环境。LOPSI 有机结合两种算法的特征，依据不同的网络环境状态和应用，实施适合的数据分发策略。

5.4.1　基于位置预测的数据分发算法

人类行为模式的研究表明人群的日常活动存在高度的重复性。每天人们重复访问固定的几个地点，在相对固定的时间内进行一些日常活动。根据节点的移动轨迹及固定的行为模式，我们可以基于位置对场景进行建模，利用相关算法预测节点到达某一位置的概率，估计移动节点的位置。

目前应用最广泛的位置预测方法为基于马尔可夫链的方法，该预测算法具有较高的准确率。在第 4 章中提出的基于社会关系感知的移动节点位置预测算法也是在马尔可夫链模型的基础上设计的。本章提出的数据分发算法 LOPDAD 的算法思想是基于位置预测机制的，位置预测算法可以采用适合机会认知网络架构的任何有效的位置预测算法。本章重点描述数据分发算法的实现机制，采用二阶马尔可夫链模型(order-2 Markov chain model, O2MM)实现位置预测算法。第 4 章的算法仿真验证了使用二阶马尔可夫链模型进行位置预测具有较高的准确率，而时间和空间复杂度较高。由于本章提出的基于位置预测的数据分发算法中位置预测算法由服务器端完成，不需要占用移动节点的空间存储，也不影响节点之间的数据传输，对于传输延迟的影响甚微，所以不影响 LOPDAD 的算法性能。

5.4.1.1　基于二阶马尔可夫链模型的位置预测算法

在校园网络的应用场景中，构建马尔可夫位置状态预测模型。

定义 5.1　假设有 m 个位置状态，位置 i 是马尔可夫位置预测模型中第 i 个状态，记为 X_i ，则状态空间序列为 $E = \{X_1, X_2, \cdots, X_m\}$ 。离散位置状态集合 X ，为在某场景中在离散时间序列集合 T 上的观察结果，则该场景的移动模型表示为 $\{X, T\}$ 。

对于机会认知网络的应用场景，马尔可夫模型可以用来预测每一个移动节点的未来位置状态。基于二阶马尔可夫链模型的位置预测算法建模过程和预测过程详述如下。

(1)准备过程。进行位置预测之前，首先要将采集到的移动节点位置信息进行处理，使位置信息符合马尔可夫模型的状态要求，准备过程包括以下两个步骤。① 确定状态集合。根据位置预测服务器采集的用户移动轨迹，对数据中出现过的地点(AP 接入节点对应的场景位置)进行统计，记为集合 L。由于集合 L 中含多个地点元素，选择访问频次较高的地点集作为系统的马尔可夫模型状态集合 E, $E \subset L$，依据系统需求确定频次的粒度值。② 数据离散化处理。统计所有用户与状态集合 E 有关的数据，将每个用户的数据按照时间片进行离散化，因此离散后的集合可以表示为

$$\{(t_k, X_i)\},\ k = 1, 2, 3, \cdots,\ i \in \{1, 2, \cdots, m\} \tag{5.1}$$

(2)基于 O2MM 的位置预测算法描述。一阶马尔可夫链模型(order-1 Markov chain model, O1MM)是一种简单直观的模型，使用状态转移矩阵和初始状态分布对未来状态进行预测[203]。然而，由于系统状态划分的不科学导致状态转移概率具有不确定性，所以 O1MM 的预测结果往往产生较大的误差。

与 O1MM 不同，更高阶的马尔可夫链模型是一种具有记忆能力的马尔可夫模型，例如，高阶的马尔可夫模型不仅基于当前的系统状态预测下一时间片的系统状态，还会基于之前 $n-1$ 时间片的系统状态进行预测，n 是马尔可夫模型的时间序列，马尔可夫模型的时间序列为有限序列。

定义 5.2 二阶马尔可夫链模型的有限状态空间是

$$E = \{X_1, X_2, \cdots, X_r, X_i, X_j, \cdots, X_m\},\ i = 1, 2, \cdots, m;\ r = 1, 2, \cdots, m;\ j = 1, 2, \cdots, m \tag{5.2}$$

对任意的正整数 i, j, r 和 $0 \leqslant t_1 < t_2 < \cdots < t_{n-2} < t_{n-1} < t_n$; $t_1, t_2, \cdots, t_{n-2}, t_{n-1}, t_n \in T$，有

$$P\{X(t_n) = X_j \mid X(t_1) = X_1, X(t_2) = X_2, \cdots, X(t_{n-2}) = X_r, X(t_{n-1}) = X_i\} = P\{X(t_n) = X_j \mid X(t_{n-1}) = X_i, X(t_{n-2}) = X_r\} \tag{5.3}$$

则称条件概率

$$P_{rij}\{X(t_n) = X_j\} = \sum_{i=1, r=1}^{m} P\{X(t_n) = x_j \mid X(t_{n-1}) = X_i, X(t_{n-2}) = X_r\} \tag{5.4}$$

为马氏链在时刻 t_{n-2} 处于状态 X_r，并且在时刻 t_{n-1} 处于状态 X_i 的条件下，在时刻 t_n 转移到状态 X_j 的转移概率。

当状态空间趋于无穷大时，式(5.4)中的转移概率接近于节点访问位置 X_j 的频率[204]，则有式(5.5)

$$p_{rij} = \sum_{r=1,\ i=1}^{r=m,\ i=m} \frac{c_{rij}}{\sum_{k=1}^{m} c_{rik}} \tag{5.5}$$

其中，c_{rij} 是通过采集的位置信息进行统计得到的观测节点访问位置 X_j 的次数，$\sum_{k=1}^{m} c_{rik}$ 是观测节点访问位置状态集合 E 中所有位置状态的次数总和。p_{rij} 则是观测节点在一下时刻访问位置 X_j 的概率，在当前时刻的位置状态和前一时刻的位置状态分别是 X_i 和 X_r 。

如果在状态空间集合中有 m 个位置状态，则一步转移概率矩阵是一个 $m^2 \times m$ 的矩阵，如公式(5.6)所示：

$$\boldsymbol{P} = \left.\overbrace{\begin{bmatrix} p_{111} & p_{112} & \cdots & p_{11(m-1)} & p_{11m} \\ p_{211} & p_{212} & \cdots & p_{21(m-1)} & p_{21m} \\ \vdots & \vdots & & \vdots & \vdots \\ p_{m11} & p_{m12} & \cdots & p_{m1(m-1)} & p_{m1m} \\ p_{m21} & p_{m22} & \cdots & p_{m2(m-1)} & p_{m2m} \\ \vdots & \vdots & & \vdots & \vdots \\ p_{mm1} & p_{mm2} & \cdots & p_{mm(m-1)} & p_{mmm} \end{bmatrix}}^{m}\right\} m^2 \tag{5.6}$$

基于二阶马尔可夫链模型的位置预测算法，描述如算法 5.1 所示：

算法 5.1：基于 O2MM 的位置预测算法

算法 5.1：$L\_Markov(N_c, t_n)$ Location prediction based on O2MM

Input：State Space Set $E = \{X_i, i \in \{1, 2, \cdots, m\}\}$, Nodes Set $N = \{N_j, j \in \{1, 2, \cdots, n\}\}$, the initial probability distribution is $P(n-1, n-2) = \{p_{ri}, r, i \in \{1, 2, \cdots, m\}\}$;

Output：X_j ;

1：Discretization of data set：$\{(t_k, X_i)\}$, $k \in N^+$, $i \in \{1, 2, 3, \cdots, m\}$;

2：calculate the probability of the node to visit location X_j according to Eq.(5.5) where the location state of the node at current time slice and also the just visited state is respectively X_i and X_r .

3：Calculate one step transition probability matrix according toEq.(5.6)；

4：Calculate the probability of each state at time slice t_n

$$P(n) = P(n-1,\ n-2)P \tag{5.7}$$

5：the location state at time slice t_n is

$$X_j = \mathrm{arg}max\{P_j^{(n)}\} \tag{5.8}$$

6：**return** X_j ；

给出节点在时刻 t_{n-2} 和 t_{n-1} 的初始概率分布，依据 Algorithm 1，可以计算出节点在时刻 t_n 的位置状态。例如，状态空间集合 $E=\{X_1,\ X_2\}$，$m=2$，初始状态 $\{(t_{n-2},\ X_1),\ (t_{n-1},\ X_2)\}$，则初始概率分布为

$$\begin{aligned}P(n-1,\ n-2) &= (p_{11}^{(n-1,\ n-2)},\ p_{12}^{(n-1,\ n-2)},\ p_{21}^{(n-1,\ n-2)},\ p_{22}^{(n-1,\ n-2)}) \\ &= (0,\ 1,\ 0,\ 0)\end{aligned} \tag{5.9}$$

二阶马尔可夫链模型的概率转移矩阵为

$$\boldsymbol{P} = \begin{bmatrix} p_{111} & p_{112} \\ p_{121} & p_{122} \\ p_{211} & p_{212} \\ p_{221} & p_{222} \end{bmatrix} \tag{5.10}$$

其中，概率元素的下标前两个数字表示在 t_{n-2} 和 t_{n-1} 时刻的状态，即为当前状态，最后一个数字表示 t_n 时刻的位置状态，即为下一时刻状态。在时刻 t_n 的概率分布为

$$P(n) = P(n-2,\ n-1)P = \{p_1^{(n)},\ p_2^{(n)}\} \tag{5.11}$$

位置预测服务器预测在时刻 t_n 的位置状态为

$$X_j = \mathrm{argmax}\{p_1^{(n)},\ p_2^{(n)}\} \tag{5.12}$$

在本系统中，位置预测服务器通过 WLAN 采集移动节点的位置信息，通过算法 5.1 进行每一个节点移动轨迹的预测，节点的位置状态对应离散的时间序列。

5.4.1.2 LOPDAD 的转发概率

数据分发机制可以使用基于 O2MM 位置预测算法的结论。在某一时刻 t_n，移动节点 N_c 向目的节点 N_d 进行消息转发的概率 p_L^d 等于在该时刻转发节点 N_c 访问目的节点 N_d 所在位置的概率，如式(5.13)所示：

$$p_L^d = p_{X_j^d}^{(n)} \tag{5.13}$$

其中，X_j^d 为目的节点 N_d 在时刻 t_n 的位置状态，$p_{X_j^d}^{(n)}$ 即为节点 N_c 访问位置 X_j^d 的

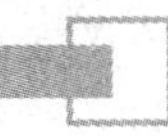

概率。

算法 5.2 描述了基于位置预测的数据分发算法，获得节点 N_c 到目的节点 N_d 的消息转发概率 p_L^d 。

算法 5.2：基于位置预测算法的消息转发概率计算

Algorithm5.2：Data forwarding probability based on the location prediction algorithm

---

Input：State Space Set $E = \{X_i, i \in \{1, 2, 3, \cdots, m\}\}$, N_d , N_c , the initial probability distribution is $P(n-1, n-2) = \{p_{ri}, r, i \in \{1, 2, 3, \cdots, m\}\}$ ；

Output：p_L^d

$P\_Markov(N_c, t_n)$

1：$X_j^d = L\_Markov(N_d, t_n)$

2-5：Algorithm 5.1 step1-5；

6：　calculation of forwarding probability according to Eq.(5.13)

7：**return** p_L^d ；

5.4.1.3　LPS 位置预测服务的执行过程

LPS 提供的位置预测服务是通过预测目的节点与转发节点在未来时刻的位置状态序列，确定转发节点与目的节点相遇的概率，继而实现网络的数据分发业务。数据分发业务的时间阈值为 l 个时间片(对系统采集的移动节点位置信息进行离散化处理后对应的时间序列是按照时间片为单位记录的)。在时刻 t_n ，当 LPS 接收到移动节点 N_s 的服务请求消息 REQ ($C\{N_f\}$, N_d) ，消息包括消息目的节点 ID，N_d ，以及 N_s 当前的相遇节点(邻居节点)集合 $C\{N_f\}$ 。首先，LPS 预测目的节点 N_d 在时间阈值 l 个时间片内的位置状态集合 $X = \{X(N_d, t_i)\}$ ，$t_i\{t_{n+1}, t_{n+2}, \cdots, t_{n+l}\}$ ，其中

$$\{X(N_d, t_i)\} = \{(t_{n+1}, X_h), (t_{n+2}, X_j), \cdots, (t_{n+l}, X_k)\}$$

$$\{(t_k, X_i)\}, k \in N^+, h, j, k \in \{1, 2, 3, \cdots, m\} \tag{5.14}$$

LPS 同时使用算法 5.1 计算相遇节点集合 $C\{N_f\}$ 中待转发节点 N_f 的位置状态序列，然后选择与目的节点同时出现在同一位置上的节点，使用算法 5.2 计算其转发概率，记录在集合 $F.P$ 中。转发节点集合 $F.N$ 中的节点 N_f 是在时间阈值时间片内与目的节点 N_d 同一时间出现在同一位置上的节点，相遇时间记录在集合 $F.T$ 中。最后 LPS 将服务消息 SEI($F\{(N, P, T)\}$, $\{X(N_d, t_i)\}$)发送给节点 N_s 。该过程如算法 5.3 所示：

算法 5.3：LoP_Service($C\{N_f\}$, N_d)LPS 中位置预测的执行算法

Algorithm 5.3：the location prediction service in LPS

Input：$REQ(C\{N_f\}, N_d)$

Output：$F\{(N, P, T)\}$, $\{X(N_d, t_i)$

1：$N_s \rightarrow LPS$：$REQ(C\{N_f\}, N_d) n = 0, j = 0, k = 0, l = 3$；

2：**for all** $i \in [1, l]$ **do**

3：$X(N_d, t_i) = L\_Markov(N_d, t_i)$ ；

4：**for all** $N_f C\{N_f\}$ **do**

5：$X(N_f, t_i) = L\_Markov(N_f, t_i)$ ；//计算 t_i 时刻，待转发节点 N_f 的位置状态

6：　　**if** $(X(N_f, t_i) == X_i(N_d, t_i))$ **then**//如果 N_f 和N_d 在时刻 t_i 相遇

7：　　　$F.N[j++] = N_f$ ；// N_f 作为转发节点存储在集合 $F.N$ 中

8：　　　$F.P[n++] = P\_Markov(N_f, t_i)$ ；// N_f 与 N_d 相遇的概率存储在集合 $F.P$ 中

9：　　　　$F.T[k++] = i$ ；// N_f 与 N_d 相遇的时间存储在集合 $F.T$ 中

10：　　　**end if**

11：　　**end for**

12：**end for**

13：$LPS \rightarrow N_s$ ：SEI($F\{(N, P, T)\}$, $\{X(N_d, t_i)\}$)；

5.4.1.4　转发节点集合的选择机制

考虑到移动节点的缓存管理和网络负载，设置转发消息的拷贝数为 COPY，该值的大小取决于系统中移动节点的缓存大小和当前网络的负载情况。当消息源节点 N_s 接收到 LPS 发送的消息 SEI，如果 N_s 发现目的节点 N_d 在阈值时间片内的位置状态与自己相同，即在阈值时间内 N_s 与 N_d 能够相遇，则消息仅发送给集合 $F.N$ 中比 N_s 更早遇到目的节点的移动节点集。否则，如果集合 $F.N$ 中的待转发节点数量小于 COPY，N_s 将消息拷贝发送给集合 $F.N$ 中的全部节点，并删除自己缓存区中的消息拷贝；如果集合 $F.N$ 中的节点数量大于 COPY，N_s 将会依据节点的转发概率和转发时间片（与目的节点的相遇时间）选择不超过 COPY 数量的节点作为最终的转发节点，并删除自己缓存区内的消息拷贝，具体计算如式(5.15)和(5.16)所示：

$$P_{L_{sf}}^{d} = \left\{ \frac{P\_Markov(N_f, t_n)}{n}, N_f \in F.N, t_n \in T, n \in [1, l] \right\} \quad (5.15)$$

其中 $P\_Markov(N_f, t_n)$ 是待转发节点 N_f 的转发概率（见算法 5.2），即为在时间片 t_n ，N_f 与 N_d 相遇的概率；n 是当前时间和 N_f 与 N_d 相遇时间的时间间隔。时

间间隔 n 越大，N_s 向 N_f 进行消息转发的概率就越小。最终转发节点集合 F' 由消息源节点 N_s 确定。

$$F' \subseteq F.N,\ F'\{N_f\} = \underset{f \leqslant COPY}{\operatorname{argmax}}\{P^d_{L_{sf}}\} \tag{5.16}$$

5.4.2　基于蚁群优化的数据分发算法

蚁群优化算法是依据蚂蚁寻找食物的过程而建立的生物启发式算法。蚁群优化算法的特殊性在于通过信息素变化和启发式信息确定优化目标的最优解。蚂蚁在寻找食物的过程中会在途经的路径上释放信息素，使用信息素作为一种通信媒介，告知其他蚂蚁通往食物的路径。ACO 中的人工蚂蚁是随机解决方案的构造过程。人工蚂蚁使用重复寻找局部最优解的机制实现基于概率的目标函数最优解查询方案，局部目标优化考虑如下参数：① 关于待解决问题的启发式信息；② 随着执行时间动态变化的信息素[205]。在本节提出的算法中，将改进 ACO 应用于机会认知网络的数据分发算法中。

5.4.2.1　机会认知网络中基于群体智能优化的数据分发算法

在 ACODAD 中，信息素的含义是两个移动节点之间的亲密度。两个节点直接的接触频率越大，接触时间持续越长，则亲密度值越高，即信息素的值越大。消息源节点将消息转发给与目的节点之间亲密度值较高的待转发节点的概率较大，这意味着与目的节点亲密度值较大的节点具有较高的消息转发概率。表 5.1 中列出了 ACODAD 中对应于 ACO 的特征值含义。

表 5.1　ACODAD 中与 ACO 中对应特征值的含义对比

Tab.5.1　Comparison of characteristics between ACODAD and ACO

特征值	ACODAD	ACO
消息的传输过程	基于两个相遇节点的数据分发	人工蚂蚁从一个位置移动到相邻位置
转移概率	转发节点与目的节点的相遇概率	从当前位置移动到下一位置的状态转移概率
信息素	节点之间的亲密度	人工蚂蚁沿途释放的信息素
路径长度	两个节点相遇的时间间隔	两个位置点之间的距离
信息素挥发的条件	两个节点在时间阈值内不接触	随着时间信息素逐渐挥发

5.4.2.2　机会认知网络中节点间亲密度的计算

机会认知网络中的每一个节点都维护一张与其他节点的关系表，该表由节点之间的亲密度建立。例如，在时刻 t_s，携带数据消息的节点 N_s 到达位置 X_i，并且感知在其通信范围内的所有节点（通信协议可以是 Zigbee，Bluetooth，NFC 及其他任何短距离通信协议）。这些节点记录在节点 N_s 的接触节点集合 $C\{N_f\}$ 中，然后计算 $C\{N_f\}$ 中所有节点与 N_s 的亲密度值，记录在 N_s 的关系表中，其他节点执行同样的操作，更新各自的节点关系表。

节点 N_i 和 N_j 之间亲密度的计算基于两个节点在的接触次数 n_{ij}，每次接触的时间长度 ΔD_{ij}^c，以及两次接触之间的时间间隔 ΔI_{ij}^c。节点 N_i 和 N_j 在时刻 t 的亲密度 $R_{ij}(t)$ 计算如式(5.17)所示：

$$R_{ij}(t)=\begin{cases}\dfrac{n_{ij}\times\sum\limits_{c=1}^{n_{ij}}\Delta D_{ij}^c}{\sum\limits_{c=1}^{n_{ij}}\Delta I_{ij}^c}, & \forall\Delta I_{ij}^c<k\\[2ex] \dfrac{n_{ij}\times\sum\limits_{c=1}^{n_{ij}}\Delta D_{ij}^c}{\sum\limits_{c=1}^{n_{ij}}\Delta I_{ij}^c}\times(1-\rho)^e, & \exists\Delta I_{ij}^c>k\\[2ex] 0, & \Delta I_{ij}^c>T\end{cases}\tag{5.17}$$

其中，ρ 是挥发率，k 是两个节点相遇间隔时间的阈值，e 是两个节点接触时间间隔 ΔI_{ij}^c 超过阈值 k 的次数。亲密度的定义考虑了两个节点的接触时间间隔，如果两个节点长时间没有接触（超过阈值 k），则采用亲密度挥发机制，保证接触频率高的节点之间具有更高的亲密度，如果两个节点在系统运行时间 T 内没有接触，则两个节点间亲密度值为零。

当两个节点在时刻 t_s 相遇，分别记录接触次数 c，本次接触的起始时间为 t_s、分离时间为 t_e。每个节点的时间值都依据自己的系统时钟值进行计算。两个节点初次相遇，即 $c=1$ 时的时间间隔 ΔI_{ij}^c 为两个节点初次相遇的时间值。亲密度的计算如算法 5.4 所示。

算法 5.4：T 时刻相遇的节点亲密度的计算

Algorithm 5.4：Intimacy calculation between two nodes at encounter time T

Input：N_i，N_j

Output：$R_{ij}(T)$

Intimacy(N_i，N_j)

```
1: define T   the system running time
2:          L   encounter time interval threshold
3:          Contact vector array M_ij→ ( c , t_s , t_e )
4: initialization: M_ij→]0] = (0, 0, 0), R_ij(0) = 0, k = L, flag = 1;
5: for t=0 to T;
6:   if N_i recieve HELLO from N_j
7:          n_ij = ++c ;
8:          for allc = 1: n_ij
9:             ΔD^c_ij[c] = t_e - t_s ;
10:            D^c_ij += ΔD^c_ij ;
11:            ΔI^c_ij[c] = t_s - t ;
12:            I^c_ij += ΔI^c_ij ;
13:            t = t_e ;
14:            if( ΔI^c_ij[c] > k )
15:                e ++ ;
16:                flag = 0;
17:            end if
18:            end for
19:      end if
20: end for
21: if( flag == 0)
22:     return  R_ij(T) = (n_ij × D^c_ij) / I^c_ij × (1 - ρ)^e
23: else
24:     return  R_ij(T) = (n_ij × D^c_ij) / I^c_ij
25: end if
```

算法 5.4 对于亲密度的计算过程进行了描述，由于亲密度的数学模型已经考虑了时间因素，节点之间的亲密度值是随着时间进行更新的，不需要再给出其他的实时更新公式。本节提出的数据分发算法是基于节点间的亲密度计算数据转发的概率。

5.4.2.3　ACODAD 数据转发概率的计算

携带数据消息的节点 N_s 将在与其接触的节点集 $C\{N_f\}$ 中选择数据转发节点。转发节点的选取依据节点集 $C\{N_f\}$ 中的节点与目的节点 N_d 的亲密度，亲密度越大的节点与目的节点相遇的概率越大，因此数据转发概率也越大。数据转发概率的计算如式(5.18)所示：

$$p_{R_{sf}}^{d}=\begin{cases}1, & f=d\\ 0, & R_{fd}(t)<R_{sd}(t)\\ \dfrac{[R_{fd}(t)]^{\alpha}\Delta[\eta_{fd}(t)]^{\beta}}{\sum_{N_f\in allowed_d}R_{jd}^{\alpha}\Delta\eta_{jd}^{\beta}}, & N_f\in allowed_d\end{cases}\tag{5.18}$$

如果目的节点 $N_d\in C\{N_f\}$，则转发概率 $p_{R_{sf}}^{d}$ 的值为1，即 N_s 将数据直接转发给目的节点 N_d。如果节点 N_s 与 N_d 的亲密度大于任何一个集合 $C\{N_f\}$ 中的节点与 N_d 的亲密度，则转发概率为0，即不转发数据。其中，$allowed_d$ 是符合数据转发条件的节点集合，$allowed_d\subset C\{N_f\}$，由式(5.19)所示：

$$allowed_d^t=F\{N_f\mid(R_{fd}(t)>R_{sd}(t)\},\ allowed_d=allowed_d^t-tabu_d\tag{5.19}$$

$allowed_d^t$ 是集合 $C\{N_f\}$ 中的节点集合，该集合中的节点与节点 N_d 的亲密度大于节点 N_s 与 N_d 的亲密度；节点集合 $tabu_d$ 是已经携带待转发数据或数据拷贝的节点集合，随着时间的推进，该集合中的元素越来越多，在后续的数据转发中不会选择这些节点。

系数 α 和 β 是分别控制信息素和启发式信息重要性的相应权重。启发式信息 η_{fd} 如公式(5.20)所示：

$$\eta_{fd}=\frac{1}{L_{fd}}\tag{5.20}$$

其中，L_{fd} 是数据转发节点 N_f 与目的节点 N_d 相遇的时间间隔的估计值。

启发式信息 η 表示在具体问题实例中的先验信息或是由其他因素而产生的运行时信息。在很多应用实例中，启发式信息 η 是依据当前状态和历史信息进行预测的系统开销。蚁群优化算法的启发式规则使用启发式信息作出概率性的决策，帮助蚂蚁决策如何在图中继续移动[205]。

在本章提出的算法中，启发式信息的含义是数据转发节点 N_f 与目的节点 N_d 之间的距离。在本算法中，节点的位置状态集合是按照时间片进行离散化得到的。数据转发延迟并不是取决于转发节点与目的节点之间的绝对路径长度或者两个节点之间的实际距离，而是取决于转发节点与目的节点经过多少时间片相遇。

携带数据的节点 N_s 从接触节点集合 $C\{N_f\}$ 中选择转发节点，依据转发节点与目的节点的亲密度计算转发概率。为了降低系统的缓存开销，延长整个系

统的生命周期，本算法为每一个数据消息设置最大的消息拷贝数量，记为 COPY。在数据转发的执行过程中，节点 N_s 将数据消息转发给节点集合 $C'\{N_f\}$ 中的节点，$C'\{N_f\}$ 的定义如公式(5.21)所示：

$$C' \subseteq C\{N_f\}, C'\{N_f\} = \underset{f \leqslant COPY}{\operatorname{argmax}}\{P_{R_{sf}}^{d}\} \tag{5.21}$$

其中，节点集合 C' 是节点 N_s 接触节点集合 C 的子集，C' 中节点的数量不超过最大的数据消息拷贝数量 COPY，也就是从接触节点集中取前 COPY 个转发概率最大的节点作为待转发节点。转发结束后，节点 N_s 将该数据消息从自己的缓存中删除。

5.4.3　基于位置预测的生物启发式数据分发算法

数据分发算法 LOPSI 不仅考虑数据转发节点与目的节点之间的亲密度，还考虑两个节点可能相遇的位置。根据移动节点位置预测算法，可以得到在阈值时间内与目的节点在同一位置状态相遇的节点集合 $F\{N_f\}$ 。数据携带节点 N_s 计算节点集合 $F\{N_f\}$ 中的节点与目的节点 N_d 的亲密度，仅将数据发送给亲密度较高的节点。基于由 LOPDAD 和 ACODAD 两种数据分发算法得到的数据转发概率，权衡两者相应的权重，得到由节点 N_s 到节点 N_f 的数据转发概率，如式(5.22)所示：

$$p_{sf}^{d} = \gamma p_{R_{sf}}^{d} + \delta p_{L_{sf}}^{d}, \gamma + \delta = 1 \tag{5.22}$$

其中，$p_{R_{sf}}^{d}$ 是由 ACODAD 算法计算得到的由节点 N_s 到节点 N_f 的转发概率，$p_{L_{sf}}^{d}$ 是由 LOPDAD 算法计算得到的由节点 N_s 到节点 N_f 的转发概率，参数 γ 和 δ 是用来均衡两个概率值的权重值。

在校园网的环境中，移动节点可以与位置预测服务器通过部署在校园场景内的 Wi-Fi 进行通信。校园内的接入点部署密度较大，具有较好的覆盖范围，但是带宽资源受限，因此只能进行控制消息的通信，而数据消息的传递通过移动节点进行机会式连通完成。位置预测服务器仅为移动节点提供位置预测服务，移动节点与服务器之间的服务请求和应答消息可以通过 Wi-Fi 进行通信。算法 5.5 描述了 LOPSI 的执行过程。LOSI_Sec 是执行过程的功能函数，用来实现数据消息从当前节点转发到下一跳节点集合。当数据源节点 N_s 想将数据消息发送至目的节点 N_d ，节点 N_s 首先通过位置预测算法获得潜在的转发节点集合，然后计算潜在转发节点与目的节点的亲密度，确定转发节点集合，将数据消息分发给转发节点集合中的节点。另外，考虑系统的存储开销，延长系统寿命，设置数据消息的最大拷贝数，则整个网络中携带该数据的节点数量不能超过系统设定的最大拷贝数。

算法 5.5：LOPSI 的执行过程

Algorithm 5.5：the execution process of LOPSI

Input：N_s，N_d

Output：Execution data forwarding from N_s to N_d

LOPSI(N_s，N_d)

1：**Initialization**：node set $N = \{N_i, i = 1, 2, \cdots, k, k \in {}^{+}\}$，state space $E = \{X_j, j = 1, 2, \cdots, m, m \in {}^{+}\}$，time slice set $T = \{t_n, n = 0, 1, 2, \cdots, l, l \in {}^{+}\}$ Maximum data copies：COPY；

/＊系统的运行时间＊/

2：**for**n = 0*tol*

/＊执行一步数据分发，将数据消息分发至转发节点集合＊/

3：　LOPSI_Sec(N_s)

4：　　**for** $\forall N_f \in F'\{N_f\}$

5：　　　execution of *LOPSI_Sec*(N_f))；

6：　　**end for**

7：**end for**

对于任何携带某一数据消息的节点 N_i，函数 LOPSI_Sec(N_i)确定数据消息由 N_i 转发到下一跳节点的集合，执行一跳数据分发，将数据消息分发至转发节点集合。函数 LOPSI_Sec(N_i)的描述过程如算法 5.6 所示：

算法 5.6：LOPSI_Sec(N_i)函数的实现

Algorithm5.6：the one hop data dissemination execution function

---

Input：N_i，$C\{N_f\}$ // N_i 是携带数据消息的节点，$C\{N_f\}$ 是相遇节点集合

Output：$F'\{N_f\}$ // $F'\{N_f\}$ 是转发节点集合

1：N_i senses the contact nodes set$C\{N_f\}$；

2：　**for** $\forall N_f \in C\{N_f\}$

3：　　update intimacy(N_i，N_f)；

4：　**end for**

/＊如果目的节点 N_d 在接触节点集合 $C\{N_f\}$ 中，源节点直接将数据信息转发给目的节点，同时更新集合 $tabu_d$ ＊/

5：**if** $N_d \in C\{N_f\}$

6：　　N_i transmits data to N_d；

```
7:        tabu_d ← {N_i, N_d} ;
8:       break;
9: else
10:      N_s sends REQ (C{N_f}, N_d) to the server;
11:      the server executes LoP_Service( C{N_f}, N_d );
12:      N_s receives SEI;
13:      N_s sends N_d to the nodes in F{N_f} ;
14:      for ∀ N_f ∈ F{N_f}
15:            Send intimacy( N_f, N_d ) to N_s ;
16:      end for
17 :     N_s calculates p_sf^d according to Eq.(5.24);
18:      if( f ≤ COPY )    //f 为转发节点的数量
19:         F'{N_f} = F{N_f};
20:      else
21:         F'{N_f} = {arg max_{f≤COPY}(p_sf^d)}
22:      end if
23:         N_i sends data to F'{N_f} ;
24:         tabu_d ← {N_i, F'{N_f}} ;
25:         N_i delete the data copy in its buffer;
26: end if
```

在本章提出的数据分发算法中，系统为每一个数据消息设置了生命周期(time to live, TTL)用来表示每一个数据消息由提供者产生到最后一个副本在网络中存在的时间。在算法 5.5 中，TTL 值设置为时间片长度 l 。任何一个数据消息在其生命周期内，即 l 时间片内未被转发，则携带此数据消息及其拷贝的节点自动丢弃该数据消息及其拷贝。

5.5　性能评价

本节对上述提出的三种适用于机会认知网络的数据分发算法，即基于位置预测的数据分发算法(LOPDAD)、基于蚁群优化的数据分发算法(ACODAD)和基于位置预测的生物启发式算法(LOPSI)，进行了系统仿真，同时在相同仿真环境下部署经典的机会网络数据分发算法，依据仿真结果对比本章提出的数据分发算法和经典算法，从而给出本章设计的数据分发算法的性能评价。移动节点的移动模式对算法性能的仿真结果有非常大的影响，移动模型的选择应该与场景的设置一致，这样才能保证性能评价的有效性。人类移动性质的研究证明，适合的移动模型能够有效的描述人类的移动行为[206]。因而，在仿真环境中部署适合的移动模型，能够验证算法的实效性能。本节设计的仿真平台部署的移动模型是 SPMBM[31]，该模型符合现实生活中节点的移动特性，同时考虑节点移动的时间和空间特性，在节点移动的地理空间上采用基于最短路径的随机游走模式。地理模型采用真实的校园场景，部署在仿真系统中。

5.5.1 仿真环境部署

基于二阶马尔可夫链模型的位置预测算法采用 Wireless Topology Discovery (WTD)[183]数据集中的数据进行预测算法性能验证。预测算法的性能评价过程在第 4 章中已经表述。基于一阶马尔可夫链模型的位置预测算法与基于二阶马尔可夫链模型的位置预测算法的性能比较如表 5.2 所示。

表 5.2 基于 O1MM 和 O2MM 的位置预测算法的性能比较

Tab.5.2 The accuracy of location prediction algorithms based on O1MM and O2MM

	O1MM	O2MM
预测准确度	0.5610	0.8030
时间复杂度	$O(N)$	$O(N^2)$
空间复杂度	$O(N^2)$	$O(N^3)$

仿真环境的地理位置状态的部署依据校园场景，如图 5.2 所示。图中共有 40 个建筑或场所部署 Wi-Fi 接入点，覆盖移动节点在校园场景的活动范围。移动节点可以是携带智能手机的行人或者车辆。位置预测服务器通过 Wi-Fi 接入点 APs 与移动节点通信，该信道只能传递服务请求和位置预测应答等控制消息。数据消息仅能通过接触节点在短距离通信范围内进行传递。如果移动节点在没有 APs 覆盖的区域活动，数据分发则采用 ACODAD 的机制执行，移动节点之间可以采用 Wi-Fi 直连、蓝牙、ZigBee 等短距离无线通信方式进行数据消息的传递。

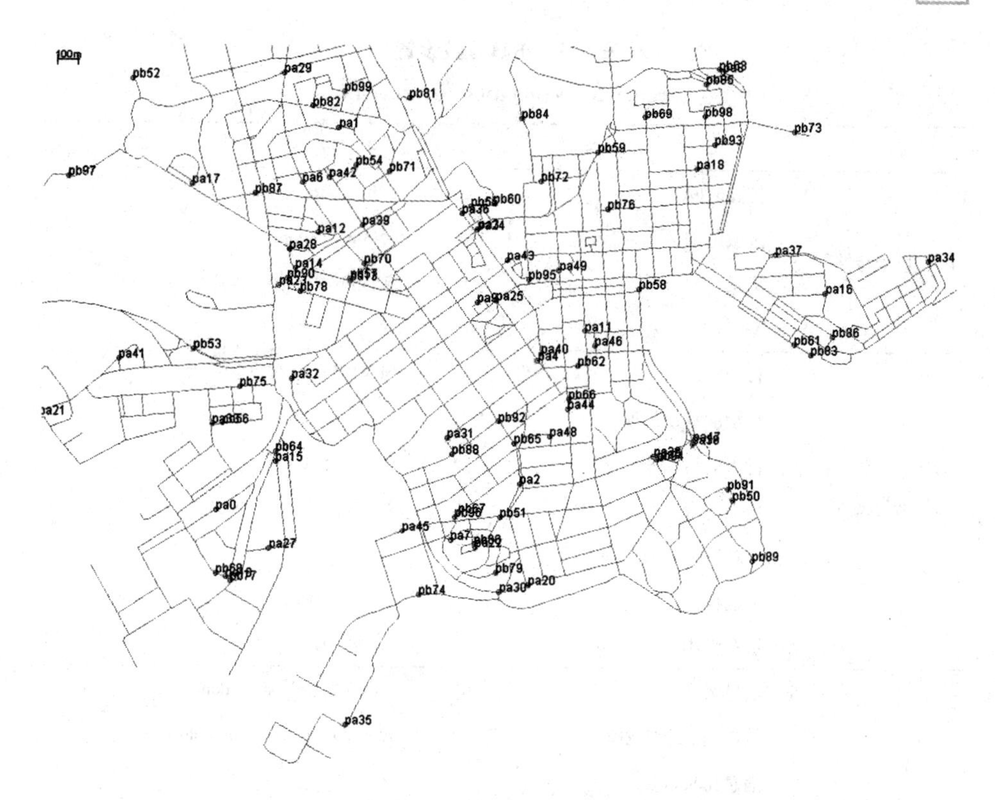

图 5. 2　基于校园场景部署的仿真地理环境

Fig.5. 2　The simulation based on a realistic campus scenario

在表 5. 3 中，详细说明了仿真环境的部署参数。在缓存管理中，数据消息按照先进先出的机制(first in first out，FIFO)进行排队，为了避免缓存拥塞，系统给每一个数据消息在网络中设置了最大副本数量，同时给每一个数据消息设置了生命周期(TTL)，在仿真过程中，为了评估算法性能，采用变化的参数值，从而确定系统参数对数据分发算法性能的影响。仿真主要考虑两种参数变化对数据分发算法性能的影响：一种是在移动节点数量增多的情景下，数据分发算法的性能变化情况；另一种是在数据消息 TTL 值增加的情景下，数据分发算法的性能变化情况。

表 5.3 仿真参数设置

Tab.5.3 Simulation parameters

参数		值
场景特性	仿真时间	12h
	区域范围	4500m×3400m
	场景	校园环境
	Aps	40
节点特性	移动模型	SPMBM
	车辆的移动速度	2.7~13.9m/s
	行人的移动速度	0.5~1.5m/s
	传输速率	250KB/s
	一跳数据交换的最大距离	10m
	传输模式	多播/广播
	缓存大小	10MB/1G
消息特性	消息大小	500KB~1MB at random
	数据消息生成频率	from 25s to 35s at random
	消息拷贝数量	8
	TTL	5h

在上述仿真环境下，对本章提出的三种数据分发算法 LOPDAD，ACODAD 和 LOPSI，与经典的机会网络中的数据分发算法 PROPHET 和 Spray and Wait 进行仿真及性能评价。上述五种算法的特征如表 5.4 所示。

表 5.4 数据分发算法的特征比较

Tab.5.4 Summary of data dissemination comparison

	网络架构	数据副本数	转发机制
PROPHET	分布式	无限值	基于相遇预测的转发
Spray and Wait	分布式	有限值	基于复制的转发
LOPDAD	混合式	有限值	基于位置预测的复制转发
ACODAD	分布式	有限值	基于亲密度的复制转发
LOPSI	混合式	有限值	基于混合预测的复制转发

5.5.2　性能评价指标

上述数据分发算法的性能根据以下四个指标进行衡量：转发数据消息的平均跳数 H、传输成功率 R、平均延迟 L 及传输开销 C。

(1)平均跳数 H。指所有数据消息由数据产生节点到达目的节点所经过的总跳数的平均值。这一指标用来评估算法在时间和空间上的开销。N 表示每一个数据消息(包括成功投递的和被丢弃的数据消息)从数据源节点到目的节点经过的所有移动节点的数量，Y 是所有生成的数据消息的数量。H 由式(5.23)所示：

$$H = \frac{N}{Y} \tag{5.23}$$

(2)传输成功率 R。表示数据消息被成功传递到目的节点的概率。这一指标用来评估算法的有效性和实用性。S 表示数据消息被成功投递到目的节点的数量，仅考虑一个数据消息副本的成功传递。R 由式(5.24)所示：

$$R = \frac{S}{Y} \tag{5.24}$$

(3)平均延迟 L。表示所有数据消息由产生到其数据拷贝第一次到达目的节点的平均耗时。T_{s_i} 表示数据消息 i 产生的时间，T_{d_i} 表示数据消息 i 的数据拷贝第一次到达目的节点的时间[207]。L 由式(5.25)所示：

$$L = \frac{1}{Y}\sum_{i=1}^{Y}(T_{d_i} - T_{s_i}) \tag{5.25}$$

(4)传输开销 C。这一指标用来表示数据分发算法的存储资源的消耗状况，对于机会认知网络的应用而言，由于移动节点的存储资源有限，因此存储资源对于算法的实用性有重要的影响。Q 表示所有数据消息产生的副本总数，P 表示成果投递到目的节点的副本数。C 由式(5.26)所示：

$$C = \frac{Q}{P} \tag{5.26}$$

5.5.3　移动节点数量的变化对性能的影响

本节基于移动节点数量的变化，对数据分发算法的四种性能指标进行评价。移动节点的数量在[100，300]变化，每个数据消息的生命周期为 5 个小时，数据消息最大的副本数量为 8。

(1)平均跳数。如图 5.3 所示，随着节点数的增加，LOPSI 算法的平均跳数值最小，并且变化趋势较平稳；PROPHET 算法的平均跳数最大，随着节点数的增加，平均跳数增大。

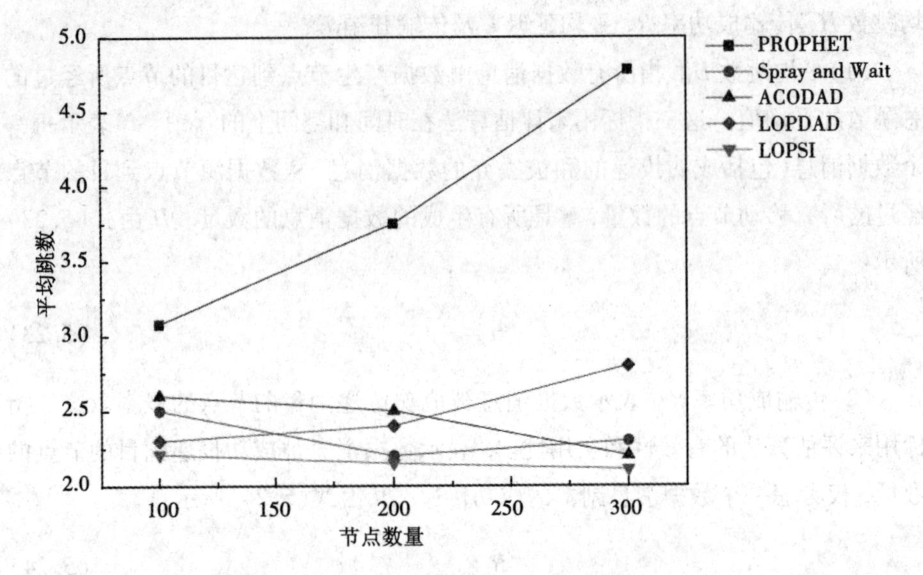

图 5.3 随着节点数量增加平均跳数变化情况

Fig.5.3 Average hops variation with the increase of number of nodes

在仿真的五种数据分发算法中，PROPHET 算法对于数据消息的副本数量没有限制，采用传染路由和相遇预测相结合的数据转发机制，但是相遇预测机制认为节点的相遇具有传递性，预测准确率较低。随着节点数的增多，数据消息量的增加，转发变得频繁，导数据拷贝数量也随之增加，节点缓存负载过重，导致系统时间、空间开销过大。其他四种算法都设计了减少系统缓存开销的机制，控制每一个数据消息的副本数量，因此平均跳数较低。Spray and Wait 在开始阶段随着节点数的增加，则转发节点遇到目的节点的概率增加，因此平均跳数略有下降，但随着系统中节点数量越来越多，系统开销略有增加。LOPDAD 对移动节点的位置状态进行估计，位置状态是按照时间片离散得到的，因此系统设置位置状态预测的时间阈值，每个节点在阈值内应该传递到目的节点；随着节点数量增加，数据消息的数量增加，转发节点数量也随之增加，因此平均跳数增加。对于 ACODAD 算法，随着节点数量的增加，能够与目的节点相遇的节点数量增加，增加了与目的节点的相遇概率，因而随着节点数量的增加，平均跳数减少。LOPSI 基于位置状态和亲密度预测转发节点与目的节点的相遇概

率，平均跳数较少，节点数量的变化对算法性能影响较小。

(2)传输成功率。如图 5.4 所示，随着节点数的增加，五种数据分发算法的传输成功率都显著地增加。LOPDAD，ACODAD，LOPSI 和 SprayAndWait 控制数据消息的拷贝数，即使节点数量增加、数据消息的数量增加，但是系统的开销维持在较好的状态，避免了因为缓存负载过重而导致的传输失败和系统资源消耗过大的状况。因此，这四种算法的传输成功率优于 PROPHET。LOPDAD 依据位置预测算法选择最可能完成任务的转发节点。ACODAD 选择与目的节点亲密度最大的节点作为转发节点。LOPSI 将两种节点选择优化方法进行结合，选择最具转发成功率的节点作为转发节点，因此转发成功率这一性能最优。

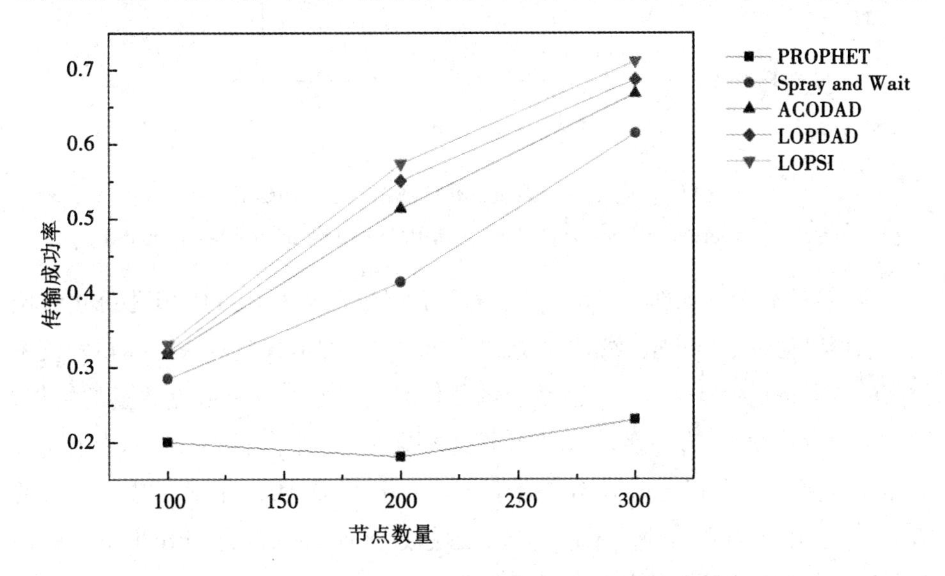

图 5.4　随着节点数量变化的数据消息传输成功率

Fig.5.4　Delivery ratio variations with the increase of number of nodes

(3)平均延迟。如图 5.5 所示，随着节点数的增加，五种算法平均延迟都略有增加，由于节点数量增加，数据消息数量增加，系统的整体开销略有增加。本书提出的三种算法都采用了缓存控制和基于预测的转发机制，因此系统开销较其他两种算法较小，平均延迟较低。ACODAD 依靠与节点相遇找到转发概率较大的节点，因此平均延迟较 LOPDAD 和 LOPSI 较大。而 LOPSI 的转发节点选择机制优于 LOPDAD 算法，因此平均延迟在比较算法中最小。

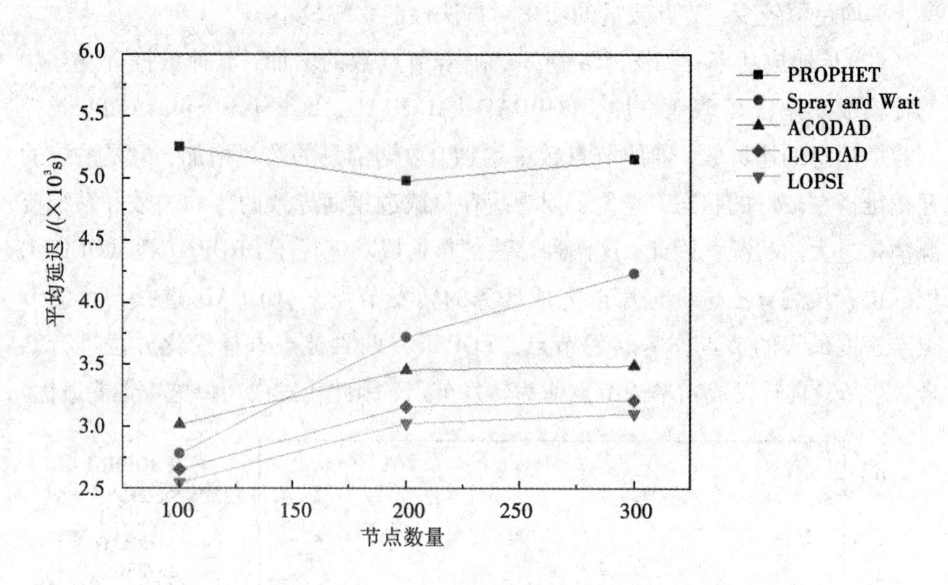

图 5.5 随着节点数量变化的数据消息平均延迟

Fig.5.5 Average latency variations with the increase of number of nodes

(4)传输开销。如图 5.6 所示，在五种数据分发算法中，LOPSI 根据位置预测算法可以估计出最小的数据拷贝数量，同时结合蚁群优化算法选择转发概率较高的节点进行数据转发，所以系统的传输开销最小。随着节点数量的增加，增加了消息转发的机会，传输成功率也随之增加，同时平均跳数减少(如图 5.3 和图 5.4 所示)，所以传输开销略有下降。由于 PROPHET 不限制数据消息的拷贝数，所以传输开销的值超过 1100，远超过其他四种算法，PROPHET 的性能曲线在图 5.6 设置的坐标比例中无法显示。

5.5.4 数据消息生命周期的变化对性能的影响

随着数据消息生命周期的变化，通过仿真对数据分发算法的四个性能指标进行评估。在该仿真中，移动节点的数量参数设置为 200，数据消息的 TTL 变化的时间范围是[5h, 13h]。

(1)平均跳数。随着 TTL 的增加，数据消息在网络中的存在时间变长，通常情况下网络的负载会增加。如图 5.7 所示，对于 LOPDAD 和 LOPSI 而言，随着 TTL 的增加，平均跳数变化不大，这是由于这两种算法基于 O2MM 的位置预测算法进行转发概率的预测，预测算法的准确率超过 80%，因而大多数的数据消息能够在阈值时间内成功传递到目的节点。在数据消息的生存周期内，如果

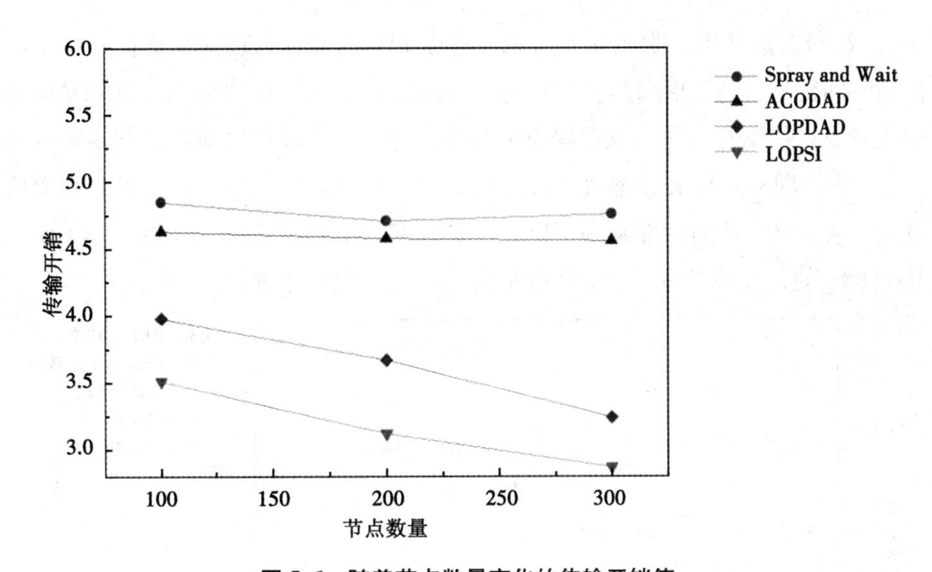

图 5.6　随着节点数量变化的传输开销值

Fig.5.6　Transmission cost variations with the increase of number of nodes

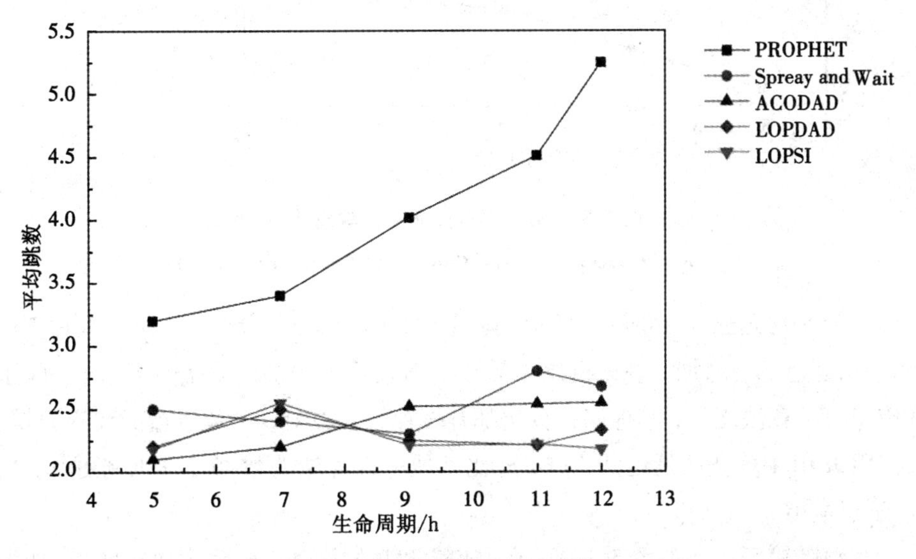

图 5.7　随着 TTL 变化的数据分发的平均跳数

Fig.5.7　Average hops variations with the increase of TTL

数据消息在第一个阈值时间内没有被成功投递到目的节点，则数据转发节点则进行第二次数据传递，平均跳数则增加一倍，但是这种情况发生的概率小于20%，对平均跳数的影响较小。ACODAD 通过节点相遇的概率进行数据转发，随着 TTL 的增加，数据消息在网络中被转发的次数增加，所以平均跳数增加。

(2)传输成功率。如图 5.8 所示，随着 TTL 的增加，数据消息在网络中的传输时间变长，具有更多的转发机会，因此传输成功率普遍增加。LOPDAD 的变化较小。依据马尔可夫预测模型的特性，对于未来较长时间的状态预测概率趋于定值，即马尔可夫模型对于长时间的状态预测准确率下降。如果时间阈值设置过大，位置预测的准确率下降，转发概率的准确率也随之下降。ACODAD 和 LOPSI 的传输成功率增加，数据消息被转发的次数增加。

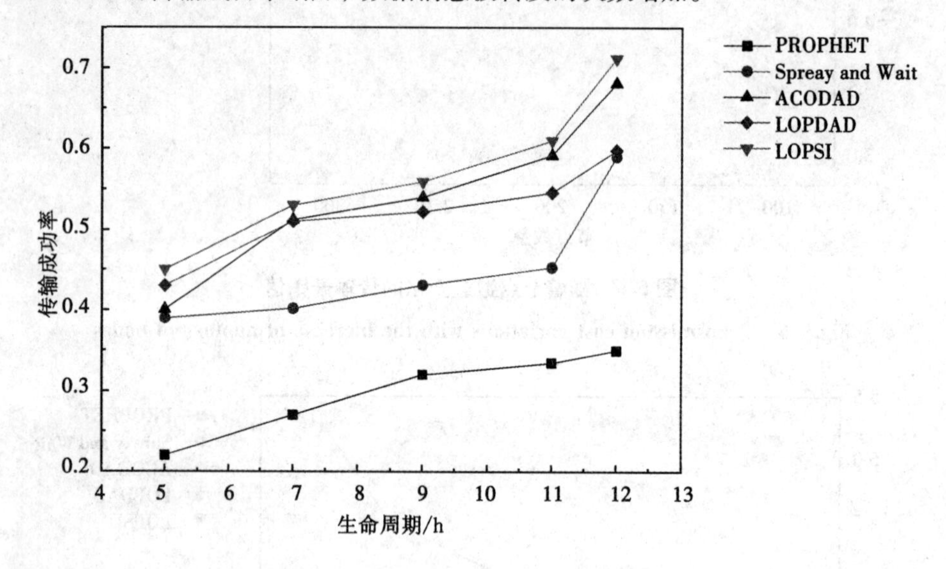

图 5.8　随着 TTL 变化的传输成功率

Fig.5.8　Delivery ratio variations with the increase of TTL

(3)平均延迟。如图 5.9 所示，随着 TTL 的增加，网络负载加重，五种算法的平均延迟都会增加。整个网络中的数据消息总数增加，缓存负载加重，除了 PROPHET 算法之外，其他四种算法都有缓存管理机制，避免过重的缓存开销，比 PROPHET 算法的延迟低。LOPSI 比其他三种算法的数据转发机制更优，所以延迟最小。

(4)传输开销。如图 5.10 所示，随着 TTL 的增加，传输成功率增加(如图 5.8 所示)，而网络中消息副本的总数变化较小，所以 LOPSI 和 LOPDAD 的传输开销减少。这是由于 LOPSI 和 LOPDAD 先估计最优路径，由此决定数据消息的副本数量。Spray and Wait 和 ACODAD 限制网络中的数据消息副本数量，所以传输开销变化较小。而 PROPHET 算法并不限制网络中数据消息的数量，随着 TTL 的增加，缓存负载加重，导致传输开销过大，超过 1000，在图 5.10 中的坐标比例中无法显示。

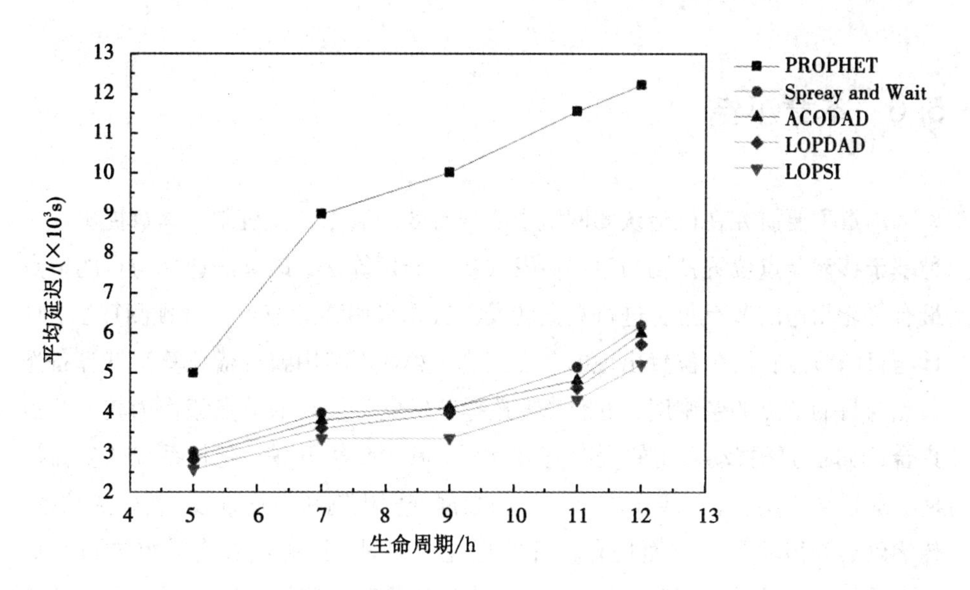

图 5.9　随着 TTL 变化的平均延迟

Fig.5.9　Average latency variations with the increase of TTL

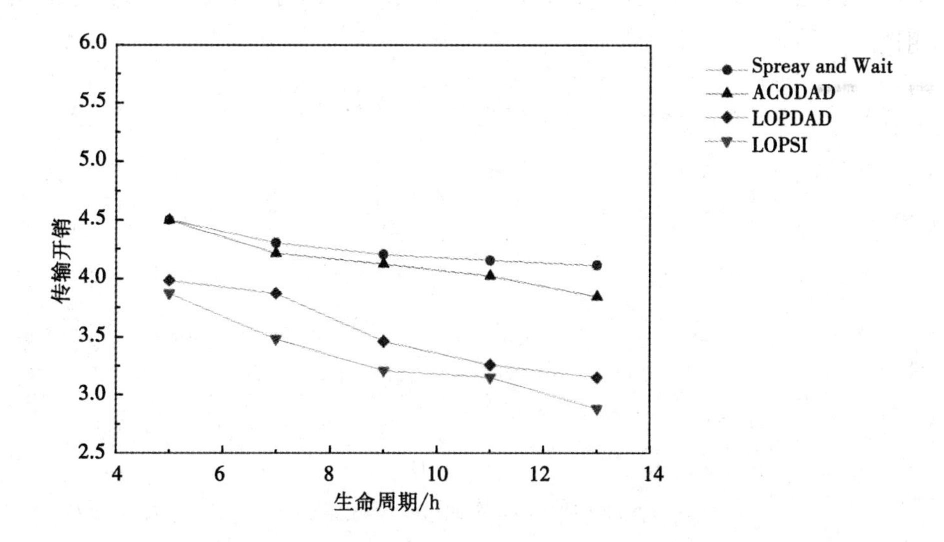

图 5.10　随着 TTL 变化的传输开销

Fig.5.10　Transmission cost variations with the increase of TTL

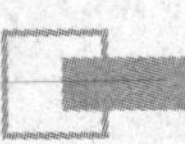

5.6 本章小结

本章主要研究在机会认知网络中实现有效的数据分发机制。本章提出了一种基于移动节点位置预测的生物启发式数据分发算法，该算法选择与目的节点最有可能相遇的节点集合进行数据转发。首先采用移动节点位置预测算法，估计与目的节点在同一位置出现的节点集合；然后再利用蚁群优化算法计算备选节点与目的节点的亲密度，更准确地选择转发概率最高的节点集作为转发节点集合；同时考虑移动设备的缓存管理问题，减少传输开销，延长系统的生命周期。通过仿真实验，验证了本章设计的数据分发机制在平均跳数、传输成功率、传输延迟和传输开销方面具有较好的性能。同时，该算法具有较好的可扩展性，可以将声望评估、激励机制、能耗控制和缓存管理等机制扩展到目前的算法中，使数据分发机制更适合实际的应用环境。另外，生物启发式算法还可以应用于移动节点的群组构造，结合社群智能技术，从而提高机会认知网络的实用性。

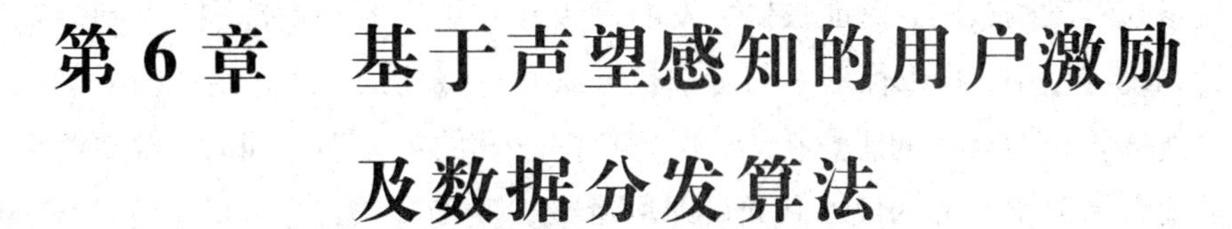

第 6 章　基于声望感知的用户激励及数据分发算法

在机会认知网络的应用中，参与节点的可靠性和积极性是机会认知网络能够提供有效服务的保证。节点的声望可以用来衡量节点的可靠性，为数据采集和数据分发业务提供真实可靠的服务。同时，数据采集与数据分发服务需要激励机制保证数量充足的参与节点、保证系统服务的实现。为了保证机会认知网络中数据采集和分发任务的可靠性及降低系统的激励成本，本章提出了一种基于声望的用户激励策略，保证具有较高声望的节点的持续参与，并在此基础上设计了数据分发算法，保证机会认知网络中数据分发业务的有效性。

6.1　引言

移动用户之间可以使用手持设备通过短距离通信媒介（例如 Wi-Fi 和 bluetooth）或者设备直连等方式实现机会认知网络的数据交换。通常在一个社区网络（例如校园网）中，可以采用机会认知网络的通信方式，因为服务参与者的接触较为频繁并且能够长时间在校园内停留。机会认知网络在商业上也有很多应用，Google 进行的调查显示 79% 的用户使用智能手机提供的帮助进行购物，71%的用户搜索在线或者离线的广告。因此，个性化广告的分发是机会认知网络非常重要的商业应用。这一应用在机会认知网络中部署简单、代价小，并且方便有效，有利于小规模的商业企业扩展客户，推广自己的个性广告。机会认知网络中的每一个节点都可以参与广告的分发，可以同时成为广告的分发人和接受人。广告的提供者（本地的小零售商、旧货售卖人等）将个性化广告直接或间接的发送给参与者，参与者会借助自己的网络资源和社会资源将广告进一步分发。广告提供者作为网络中的数据源节点，需要依靠网络中的其他节点分发广告消息，节点需要耗费自身的资源（如设备的电池能耗、存储空间和带宽等资源)才能够完成分发业务，因此，数据源节点需要为分发业务付费，即网络中的节点只有获取一定的报酬，才愿意成为广告分发业务的参与人。所以，应该采用参与者激励策略，保证数据分发的持久性和更广的分发范围。另外，在实际的系统应用中，难以保证参与者都是可靠并有诚信的，因此设计的激励机制还要能够防止参与者的恶意行为，保证数据分发的可靠性。同时，数据源节点还需要考虑分发业务的成本代价，即尽量减少激励开销，防止参与者共谋，导致数据分发的激励开销过大。

本章主要研究内容如下：

首先，建立每个节点的声望值。根据采集或分发数据的质量、恶意行为记录及参与服务的频次等信息确定声望值。采用认知技术，通过节点在参与机会认知网络服务的历史行为的积累信息，来估计每次节点参与服务所提供的数据(数据采集或者数据分发服务)的质量。

其次，设计基于声望的参与用户激励策略。通过考虑声望等级和竞标价格的多维反向拍卖，通过虚拟货币增加具有声望的参与者参与系统服务的机会，保证系统中有具有声望的参与者持续参与系统服务，同时减少系统的激励开销。

然后，在基于声望的用户激励机制基础上，设计数据分发算法，为机会认知网络提供持续可靠的数据分发服务。

最后，设置不同场景的仿真系统，验证本章提出的激励机制的有效性。

6.2 相关工作

6.2.1 声望模型的研究现状

用户的声望机制研究广泛地应用于评价系统中，尤其是电商的评价系统[208-209]。淘宝建立声望系统加强买家与卖家的交易体验[210]。淘宝通过建立简单的用户反馈机制，基于评价等级对交易的双方进行声望评价。这种方案简单且易于实施，但是声望的建立机制并不完善，首先差评将会被大量的好评掩盖，其次商家可以通过非法途径篡改声望等级，所以该机制并不适用于机会认知网络的数据服务业务。声望系统也被广泛地应用在无线自组织网络中[211-213]。文献[211-212]中的设计思想来源于博弈论，用来解决自私节点的路由问题。文献[213]中采用贝叶斯分析解决相似的问题，其设计的声望用来解决节点的异常行为。基于贝叶斯的声望系统灵活性较好，可以应用于各种相对简单的应用环境[214-215]。文献[216]中提出的声望系统基于文献[214]中的声望模型，为传统的无线传感器网络中的每个节点提供相对声望值。

在机会认知网络的应用系统中也开展了一些声望模型的研究工作。文献[217]以监测环境中的噪声情况为背景，通过建立声望模型防止参与者提供产生损坏的噪声数据。该声望模型不考虑参与者历史行为产生的累积的声望，只通过当前的行为给出参与者的声望值。文献[218]通过声望管理模型对感知的数据进行分类，为用户提供有用的信息，通过数据分析为用户提供决策。该声望模型不适合环境动态变化的网络应用系统，在现实应用中很难部署。

6.2.2　激励机制的相关研究现状

近年来，有很多领域都非常关注激励机制的研究。激励机制通常可以归纳为两种类型，外部激励和内在激励。外部激励主要包括货币报酬[40, 219]、同行关注和声望[41]等激励方式。内在激励包括兴趣爱好[42]、自我完善、自我表达和慈善等方式。

基于货币报酬的激励机制是应用最广泛的一种激励机制。在文献[220]中主动提供服务并且服务质量良好的节点将会得到更多的报酬。在文献[221]中根据节点的行为优劣，确定为节点提供服务的等级，以此来激励节点。这些激励机制设计简单，但是系统的激励开销过大。

为了减少系统的激励开销，反向拍卖机制被引入到激励机制的研究中。传统的拍卖机制中，资源的提供者为卖家，资源的需求方为买家；而在反向拍卖机制中，资源的提供者扮演买家角色，而资源的需求方扮演卖家角色，通过买家竞标的方式降低系统的服务开销。如果竞标价格作为唯一的成交条件，则称为一维拍卖。如果成交条件有多种因素，不仅仅从竞标价格的高低进行衡量，同时考虑多种效用参数，则称为多维拍卖。在电子商务的交易中多维拍卖机制被广泛采用[41]。

文献[42]中提出了一种反向拍卖激励系统，采用虚拟参与货币进行动态的价格激励机制。目前机会认知网络中基于多维反向拍卖的激励系统研究较少，本章致力于该领域的激励机制的研究。

6.3 基于声望的参与式激励算法描述

本节详细阐述机会认知网络中基于声望的参与式激励算法（reputation-based participant incentive approach，RBPIA）。

6.3.1 概述

图6.1描述了基于声望的参与式激励算法的设计架构。以数据采集业务为例，通常在机会认知网络中，服务器向参与者发送数据采集请求，收到请求的参与者向服务器发送参与消息。消息格式为一个四元组<*id*，*data*，*bid price*，*additional data*>。*id* 表示唯一标识分发数据消息的参与者（参与者分发数据所用的设备号）；*data* 表示参与者提供的采集或发数据；*bid price* 表示参与者提出的竞标价格；*additional data* 表示参与者根据不同的应用提供的信息，例如如果是数据采集服务，则可以是采集数据的位置信息。服务器将运行 RBPIA 算法处理参与者交付的感知数据。另外，RBPIA 算法具有良好的扩展性，可以扩展消息内容，根据机会认知网络应用的需要，提供时间信息及和应用相关的附加信息。RBPIA 算法的执行过程如下：

首先，*data* 和 *bid price* 发送至声望模块（reputation module），将分别生成数据的信任值和竞标价格的信任值。在此基础上，声望模块采用博弈论（game theory）平衡两种信任值的权重，最终给出参与者的声望值。

其次，在激励模块（incentive module）中，通过参与者的虚拟优惠券（virtual coupon）值，进而得到每位参与者的排名价格（rank price），使用多维反向拍卖（multidimensional reverse auction）选举出获胜者。虚拟优惠券根据参与者的声望值确定，排名价格通过竞标价格和虚拟优惠券进行计算。

最后，参与者将以较低的排名价格胜出，获得奖励，而后重新设置虚拟优惠券的值为零。而竞标失败的参与者将获取虚拟优惠券来增加他们的胜出概率，以此实现参与者的激励机制，保证有充足的参与者支持系统服务。

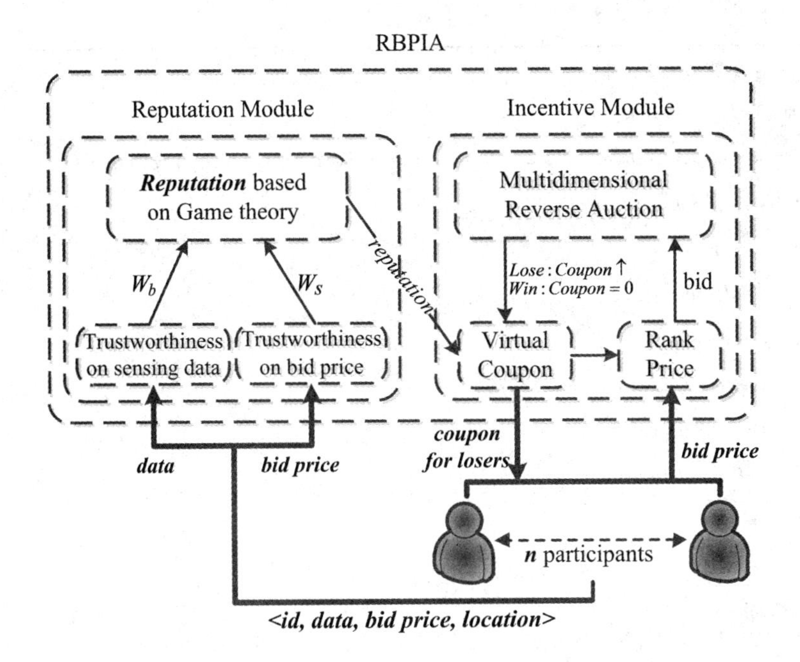

图 6.1　基于声望的参与激励算法架构

Fig.6.1　Framework of RBPIA

6.3.2　声望模块描述

6.3.2.1　感知数据的信任度计算

(1)感知数据的预处理。在机会认知网络的应用中，通常正常的参与者数量往往超过恶意参与者的数量，所以在本书中采用基于密度的孤立点检测算法(the density-based outlier detection algorithm)[29]对参与者提供的感知数据进行预处理，计算出每位参与者提供的感知数据与其他所有参与者提供数据的偏离度值。如式(6.1)和(6.2)所示：

$$A = \sum_{i=1}^{n} m_i s_i \tag{6.1}$$

$$m_i = \frac{1/((s_i - A)^2 / \sum_{i=1}^{n} (s_i - A)^2 + \varepsilon)}{\sum_{j=1}^{n} (1/((s_i - A)^2 / \sum_{i=1}^{n} (s_i - A)^2 + \varepsilon))} \tag{6.2}$$

如算法 6.1 所示，计算过程使用迭代算法。首先，定义并初始化 $m_i = 1/n$，A 和 m_i 在每次迭代中进行计算。当在进行第 $(l+1)$ 次迭代计算时，若满足收

敛条件 $|m_i^{l+1}-m_i^l|<\eta$，则 m_i^f 等于 m_i^{l+1}。

算法 6.1：采集数据的预处理算法

Algorithm6.1：Preprocessing in sensing data

Input：Number of participant$N=\{1, 2, \cdots, n\}$，sensing data$S=\{s_1, s_2, \cdots, s_n\}$ of n participants

Output：$M=\{m_1^f, m_2^f, \cdots, m_n^f\}$

```
1 for i = 1 to n do
2   m_i ← initial_value ;
3   while convergence do
4         Compute A using Equation(6.1);
5         for t = 1 ton do
6            Compute m_i^t using Equation(6.2);
7         end for
8         convergence ← m_i^t − m_i^{t−1} ( m_i^0 = m_i )
9    end while
10   m_i^f ← m_i^t
11 end for
```

针对具体的应用场景，设置更为严格的收敛条件可以产生更精确的计算结果。ε 是一个数值较小的正数，用来调整算法的数学特性，文献[29]中对此有详细的介绍。

感知数据预处理之后，RBPIA 将异常的数据与大多数的数据区分开，m_i 作为每个参与者提供的感知数据的权重值。通过孤立点检测算法计算 m_i 的值，m_i 的值越小，参与者 i 提供的感知数据的孤立度越大，即感知数据与其他数据的差异性越大；反之亦然。

(2)参与者贡献值的计算。由于 m_i 值描述的是参与者 i 提供的感知数据与大多数数据的偏离度，对于具体的应用而言，衡量数据的质量好坏，就是感知数据越接近目标数据，则数据质量越好，也可以说参与者的贡献越大。为了更清楚地描述感知数据的质量，即参与者对目标应用的贡献大小，本算法采用戈珀兹函数(Gompertz function)[222]生成每一个参与者的贡献值。戈珀兹函数也称为戈珀兹曲线，是以美国数学家杰明戈·珀兹命名的，是一种随时间序列变化的数学模型，当变量的发展变化表现为初期增长速度缓慢，随后增长速度逐渐加快，达到一定程度后又逐渐减慢，最后达到饱和状态时，可以用戈珀兹曲线来描述。它适用于人口增长、商品寿命和普及率等预测，如图 6.2 所示。

戈珀兹函数具有以下特点：① 曲线随着时间接近渐近线，但不会超过极限值；② 曲线的变化趋势是逐渐的、平滑的，而非陡增的；③ 曲线增长速率呈指数下降，最大值接近极限值时，增长速率趋近于零。

戈珀兹函数的变化趋势可以用来描述参与者的贡献值，函数的 x 坐标系对应参与者提供的感知数据质量，即归一化处理的 m_i 值，y 坐标系对应参与者的贡献值，参与者的贡献值也是随着感知数据质量呈指数变化的曲线，符合戈珀兹曲线的变化趋势。

首先，本书设置戈珀兹函数的极限值是所有参与者中贡献值的最大值。对应参与者贡献的戈珀兹函数分为三个阶段：声望质疑阶段（开始阶段），声望快速增长阶段（中间阶段），达到较好的声望值阶段（结束阶段）。m_i 的值通过归一化处理方法映射为 x 坐标轴的坐标。如果 m_i 的值较低，参与者 i 提供的数据偏离度较大，说明参与者处于声望质疑阶段，声望值较低；如果 m_i 处于中间阶段，说明参与者是一个普通的参与者，其声望值将随着 m_i 快速的增长，参与者可以很快的得到较好的声望值；如果 m_i 的值很高，说明参与者在机会认知网络的应用中享有很高的声望。在戈珀兹函数的最后阶段，m_i 对应的声望值接近理想值。

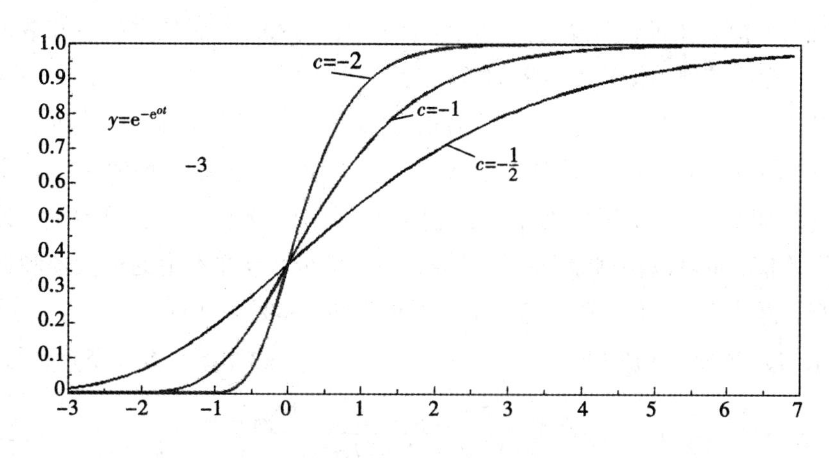

图 6.2　戈珀兹函数曲线

Fig.6.2　Gompertz function

参与者的贡献值 $C = \{c_1, c_2, \cdots, c_n\}$ 由戈珀兹函数产生，c_i 由式（6.3）计算，得

$$c_i = a \times e^{b \times e^{c \times m_i^{norm}}} \tag{6.3}$$

其中，a 表示函数的渐近线的位置，系数 b 和 c 是负数，b 设置曲线延 x 轴的位

移，c 表示曲线的增长率，e 为欧拉数（Euler's number，e = 2.71828...）。式（6.4）给出了 m_i 归一化处理的公式，使得 $m_i^{norm} \in [-1, 1]$。式（6.4）如下所示：

$$m_i^{norm} = \frac{m_i - \min\{m_i\}_{t=1}^{n}}{\max\{m_i\}_{t=1}^{n} - \min\{m_i\}_{t=1}^{n}} \tag{6.4}$$

其中，$\max\{m_i\}_{t=1}^{n}$ 和 $\min\{m_i\}_{t=1}^{n}$ 分别表示参与者 i 提供的感知数据的偏离度的最大值和最小值。

（3）感知数据的信任度的计算。在预处理和贡献值计算中，本书认为大多数的参与者都能够提供正常的数据，从而获得较高的贡献值，能够对数据的采集作出积极的贡献。然而，在应用中不可避免地存在相反的状况，如提供异常数据的参与者的数量超过提供正常数据的参与者。如果基于这些感知数据进行决策，结论的偏差将非常大，会对机会认知网络的应用产生不良的后果。因此，本节计算每个参与者提供的感知数据的信任值，避免上述情况导致的错误结论，从而提高机会认知网络数据采集或分发业务的质量。

参与者 i 每次参与机会认知网络的数据服务都会生成贡献值 c_i。经过 k 次参与服务，依据参与者参与服务的历史行为，可以预测出该参与者提供的感知数据的信任值。在机会认知网络的实际应用中，引入参与者提供的感知数据的信任值，在此基础上衡量参与者的贡献更具准确性。

基于每位参与者所有历史行为的贡献值，本书采用截尾平均法（the trimmed-mean method）[223]计算每位参与者的声望值。截尾平均法是一种集中趋势的统计度量方法，是在剔除一定比例的正负两个方向的极值变动后，计算得出平均值；也可以在剔除样本概率分布的一部分、或样本中的最大值和最小值之后，再计算平均值，通常情况下两端剔除的样本数量相同。

感知数据的信任值 $W_s = \{w_{s,1}, w_{s,2}, \cdots, w_{s,n}\}$ 的计算如式（6.5）所示，

$$w_{s,i} = \frac{c_{i,([n\sigma]+1)} + c_{i,([n\sigma]+2)} + \cdots + c_{i,(n-[n\sigma])}}{k - 2\cdot[k\sigma]} \tag{6.5}$$

其中，k 表示参与者 i 所有历史行为产生的贡献值的数量；σ 为系数，其取值范围是 $\sigma \in \left[0, \frac{1}{2}\right)$。

6.3.2.2 竞标价格的可信度计算

为了在机会认知网络的实际应用中部署 RBPIA 算法，应该考虑参与者的奖励机制，在此可以采用拍卖方案，因此解决竞标价格的共谋问题是 RBPIA 算法

健壮性的保证。

在拍卖中，通常参与者会依据其贡献多少而给出竞标价格。然而，共谋的参与者会在开始的几轮拍卖中，给出相近的较低的竞标价格，从而在这些拍卖中获胜，这会导致正常的参与者被排挤出系统。之后，这些共谋的参与者将控制系统，给出更高的竞标价格，这会使得系统的激励成本大量增加。

为了保持系统中有充足的参与者，并且保证机会认知网络应用的公平性，在声望模型中采用 k-means 算法[224]解决竞标价格的共谋问题。用 k-means 算法将参与者按照竞标价格进行分类，从而甄别出共谋的参与者。共谋的参与者竞标价格的信任值被降低。基于所有参与者的竞标价格 $B=\{b_1, b_2, \cdots, b_n\}$，通过该机制计算竞标价格的信任值 $W_b=\{w_{b,1}, w_{b,2}, \cdots, w_{b,n}\}$，详细过程如下。

(1)使用 k-means 算法将每一轮拍卖中所有参与者的竞标价格 B 作为样本数据进行聚类，分成 k 个簇，并且确定每个簇的中心值。如果某簇的中心值低于所有簇的中心值的均值，则认为属于该簇的参与者有共谋的嫌疑，记录下属于这些簇的所有参与者。

(2)该机制连续执行 ξ 轮，可以计算出在 ξ 轮拍卖中所有具有共谋嫌疑的参与者列表。在 ξ 轮拍卖中，如果参与者 i 出现在该列表中的频次大于或等于设定的阈值 g(例如 0.6ξ)，则设置嫌疑指数 $h_i=h_i+1$，h_i 初始值为 0。

(3)从第 $\xi+1$ 轮到当前第 r 轮拍卖，参与者 i 竞标价格的信任值 $w_{b,i}$ 为式(6.6)所示：

$$w_{b,i}=a\times \mathrm{e}^{b\times \mathrm{e}^{d+c\times h_i}}+1 \tag{6.6}$$

其中，系数 a，b 和 c 都是负数，c 表示增长率，系数 d 是正数，e 为欧拉数；随着 h_i 的增加，$w_{b,i}$ 的值越小，$w_{b,i}\in[0, 1]$。

6.3.2.3　基于博弈论的参与者的声望值计算

参与者 i 的声望值由感知数据的信任值 $w_{s,i}$ 和竞标价格的信任值 $w_{b,i}$ 这两个指标共同决定，因此本节给出基于博弈论的联合权重法，以此均衡两种信任值对参与者声望值的影响。该方法用来减少进行声望值计算时，感知数据的信任值 W_s 和竞标价格的信任值 W_b 的权重分配的偏差，在不同赋权方法所获取的权重之间寻找均衡，从而给出更科学可靠的参与者的声望值。

尽管声望值的计算仅涉及两方面指标，仅需要考虑两个权重的分配，但下面给出完整的联合权重计算公式，考虑 q 个指标权重的分配问题，W_i^T 是基本的指标权重向量，q 个指标权重的任意线性组合，如式(6.7)所示：

$$W = \sum_{i=1}^{q} \alpha_i W_i^T \tag{6.7}$$

其中，线性组合的系数 $\alpha_i > 0$，且 $\sum_{i=1}^{q} \alpha_i = 1$，$\{W | W = \sum_{i=1}^{q} \alpha_i W_i^T\}$ 表示可能的指标权重集合，其中一定存在最合理的线性组合。

基于博弈论的联合权重法需要平衡权重，使可能的指标权重与各个基本指标权重之间的偏差值最小。因此，可以用博弈论对式(6.8)中的线性组合系数 α_i 进行优化，优化的目标是使 W 和 W_i^T 的偏离差极小化，从而得到合理的指标权重向量。联合权重模型如下：

$$\min \| W = \sum_{i=1}^{q} \alpha_i W_i^T - W_j^T \|_2, j = 1, 2, \cdots, q \tag{6.8}$$

本模型是对一组包含多个目标的函数进行最优化，求解该模型可以获得与 q 种赋权方法均衡的联合权重值。由矩阵的微分性质可知，式(6.8)的最优化一阶导数条件为：

$$\sum_{i=1}^{q} \alpha_i W_j W_i^T = W_j W_j^T, j = 1, 2, \cdots, q \tag{6.9}$$

对应的线性方程组为式(6.10)所示：

$$\begin{bmatrix} W_1 W_1^T & W_1 W_2^T & \cdots & W_1 W_q^T \\ W_2 W_1^T & W_2 W_2^T & \cdots & W_2 W_q^T \\ \vdots & \vdots & & \vdots \\ W_q W_1^T & W_q W_2^T & \cdots & W_q W_q^T \end{bmatrix} \begin{bmatrix} \alpha_1 \\ \alpha_2 \\ \vdots \\ \alpha_q \end{bmatrix} = \begin{bmatrix} W_1 W_1^T \\ W_2 W_2^T \\ \vdots \\ W_q W_q^T \end{bmatrix} \tag{6.10}$$

从式(6.8)，可以很容易的求得 α_i，但是求解的结果有时并不能满足作为指标权重向量 W_i^T 的系数。因此，要对 α_i 进行归一化处理，如式(6.11)所示：

$$\alpha_i^* = \frac{| \alpha_i |}{\sum_{i=1}^{q} | \alpha_i |} \tag{6.11}$$

将 W_s 和 W_b 分别代入式(6.9)中的 W_1 和 W_2，得到式(6.12)：

$$\begin{bmatrix} W_s W_s^T & W_s W_b^T \\ W_b W_s^T & W_b W_b^T \end{bmatrix} \begin{bmatrix} \alpha_s \\ \alpha_b \end{bmatrix} = \begin{bmatrix} W_s W_s^T \\ W_b W_b^T \end{bmatrix} \tag{6.12}$$

参与者的声望值 $RP = \{rp_1, rp_2, \cdots, rp_n\}$ 由式(6.13)计算，如下所示：

$$RP = \alpha_s \cdot W_s^T + \alpha_b \cdot W_b^T \tag{6.13}$$

声望模型的过程如算法 6.2 所示。

算法 6.2：参与者声望模型算法

Algorithm 6.2: Accumulated reputation model

Input: S（感知数据集和），B（竞标价格集合），

n（参与者的数量），r（数据感知的次数，即拍卖的轮数）

Output: RP（所有参与者的声望值）

1 **for** $i = 1 \rightarrow r$ **do**

2 　**for** $j = 1 \rightarrow n$ **do**

3 　　　Process S

4 　　　Compute C using Equ.(6.3);

5 　　　Compute W_s using Equ.(6.5);

6 　　　Process B by k-means algorithm;

7 　　　Compute W_b using Equ.(6.6);

8 　　　Compute rp_j with $w_{s,j}$, $w_{b,j}$ for each participant by Equs.(6.7)~(6.12).

9 　**end for**

10 **end for**

6.3.3　激励模块的描述

为了激励参与者持续参与机会认知网络的服务，激励模块采用多维反向拍卖机制实现对参与者的激励功能。RBPIA 算法的目标是保持充足数量的参与者提供满足系统需求的服务，同时最小化系统的激励成本。

在一维反向拍卖中，竞标价格作为唯一的拍卖指标，出价较低的参与者更容易在拍卖中成为赢家，而竞标出价较高的参与者则被淘汰，如图 6.3 所示。如果参与者经常在拍卖中成为输家，则倾向退出参与机会认知网络系统的服务。而经常成为赢家的参与者会操纵接下来的拍卖，提高竞标价格，使其利益最大化。

为了保证参与者能够公平竞争，防止系统的激励开销过大，并且有充足的参与者持续参与系统服务，本书提出的激励模型 RBPIA 在多维反向拍卖机制的基础上，引入虚拟优惠券（virtual coupon）和参与者声望值（reputation degree）提出了一种新颖的参与者选取策略。

如果参与者（拍卖中的投标人）i 在前一次参与系统服务（拍卖）中竞标失败，他会收到虚拟优惠券作为回馈，增加其在下一轮拍卖中的胜出概率。所有

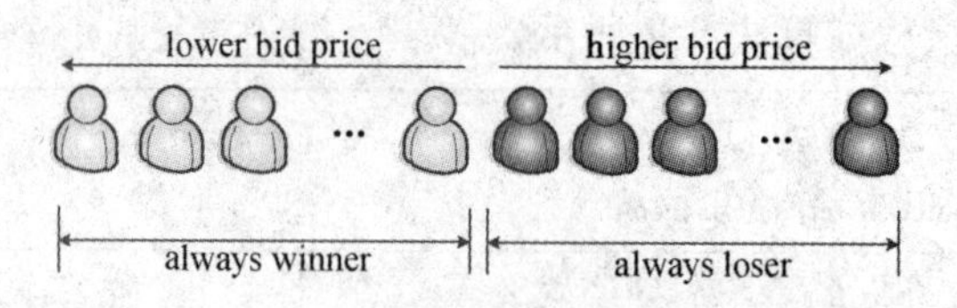

图 6.3　一维反向拍卖中的胜出者和失败者

Fig.6.3　Winners and losers in one-dimensional reverse auction

参与者获得虚拟优惠券的集合为 $D=\{d_1, d_2, \cdots, d_n\}$，其中 d_i 为参与者 i 的获得的虚拟优惠券值，其定义如公式(6.14)所示：

$$d_i=\begin{cases} d_i+\gamma\times rp_i, & \text{参与者 } i \text{ 竞标失败} \\ 0, & \text{参与者 } i \text{ 竞标胜出} \end{cases} \tag{6.14}$$

其中，γ 表示虚拟优惠券的总额；rp_i 是由声望模型计算出的参与者 i 的声望值，在此作为权值。因此，当参与者 i 在上一轮拍卖中失利，将参与者 i 的声望值与虚拟优惠券总额做加权，然后加上虚拟优惠券，作为参与者 i 最终的虚拟优惠券金额 d_i。具有高声望的参与者会获得更多的虚拟优惠券。

如果参与者在上一轮拍卖中胜出或者退出参与服务，虚拟优惠券的值则设置为零。参与者使用虚拟优惠券可以降低竞标价格，增加参与者在当前拍卖中的胜出概率。定义两种类型的竞标价格：实际竞标价格(actual bid price)和排名价格(rank price)。实际竞标价格 b_i 由参与者 i 确定，排名价格 p_i 由式(6.15)定义：

$$p_i=b_i-d_i \tag{6.15}$$

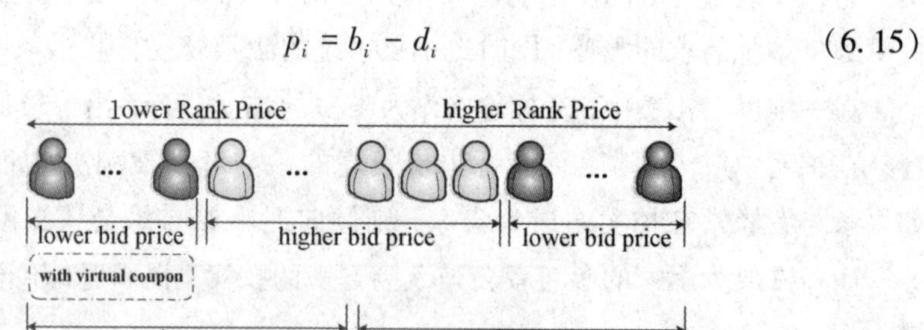

图 6.4　使用虚拟优惠券的多维反向拍卖中的赢家和输家

Fig.6.4　Winner and loser in multidimensional reverse auction with virtual coupon

在本节提出的激励模型中，依据排名价格 p_i，在每一轮的拍卖中选择排名价格较低的参与者作为赢家。通过使用虚拟优惠券降低参与者的排名价格，从而增加这些参与者的胜出概率，甚至当参与人出价较高时，也可以通过使用虚

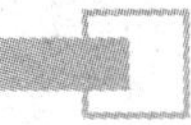

拟优惠券获得比出价较低的参与者还要少的排名价格，从而成为赢家(如图 6.4 所示)。因此，RBPIA 可以激励参与者持续的参与系统服务。

6.4　基于参与者激励的数据分发算法

在机会认知网络的数据分发系统中，系统由两种网络组成：一种是由节点移动带来的数据通信机会，形成通信距离短、带宽高的网络，可以支撑移动节点之间的数据消息交换，并且数据传递的成本较低；另一种是可连通的网络，通信距离大，但带宽资源受限或者带宽使用成本高，可以进行控制消息的传递。因此，数据分发服务需要移动节点的参与才能够实现，依靠移动节点移动轨迹的变化带来数据消息传递的机会。

基于声望的参与者激励机制也可以应用于机会认知网络的数据分发业务中，正如前文所述，在数据分发业务中也需要保证数据分发的参与者的可靠性，同时保持充足的参与者，并且减少数据分发服务的激励开销。

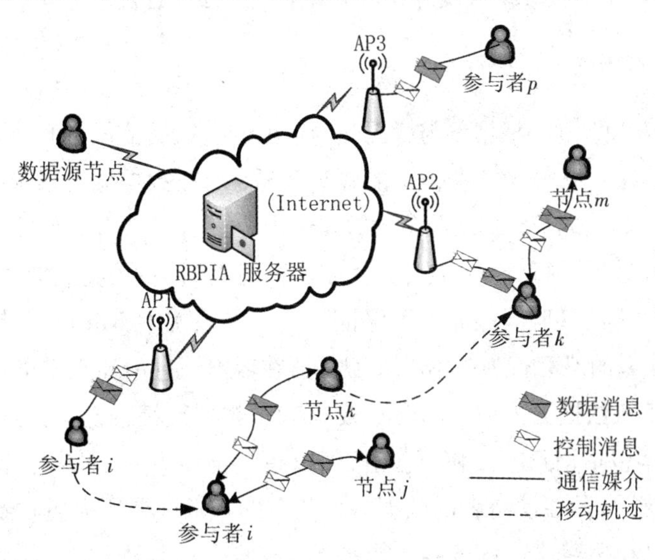

图 6.5　基于 RBPIA 的数据分发模型

Fig.6.5　Data dissemination model based on RBPIA

如图 6.5 所示，数据分发业务的网络结构仍采用校园网络的机会认知网络的模型。在无线局域网环境下，设置数据分发业务服务器，当服务器有数据分

发请求时，向通信范围内的移动节点发送控制消息。如果移动节点想成为数据分发服务的参与者，则向服务器发送控制消息(参与消息) < *id*, *bid price*, *copy number*, *additional data* > : *id* 为参与者用于数据分发业务的设备号，作为参与者的唯一标识；*bid price* 是依据参与者自身资源状况及对服务的贡献大小而确定的竞标价格(发送一份数据拷贝的价格)；*copy number* 是参与者向服务器申请的数据副本数量；*additional data* 是依据具体应用参与者需要向服务器提供的信息。如果服务器接受参与者加入数据分发业务，则将数据消息发送给参与者。参与者在本地生成 *copy number* 数量的数据消息副本，沿着移动轨迹向与其接触的节点发送数据消息< *id* , *data copy* >，其中 *id* 为参与者用于数据分发业务的设备号，*data copy* 是带有编号的分发数据拷贝，接收到数据消息的节点发送给参与者反馈消息(控制消息)。另外，参与者在发送数据消息的同时也将系统的问询消息发送给接触节点，如果接触节点想参与数据分发服务，则在反馈消息中给出参与消息 < *id*, *bid price*, *copy number*, *additional data* > ，如果 *bid price* 的价格低于参与者的竞标价格，则将成为新的参与者。如果新的参与者最后提交给 RBPIA 的服务结果良好，系统将给予原参与者奖励。

6.4.1 分发数据的信任值计算

在 RBPIA 模型中，根据参与者提交的数据进行数据信任值的计算。在数据感知系统中，*data* 就是参与者提交的感知数据，而在数据分发系统中，参与者将数据发送给其他的节点，因此分发数据的内容只有参与者和接收者知晓，如果参与者损坏数据进行分发，或是为了骗取系统报酬，并不完成数据分发任务，RBPIA 服务器无法知晓。因此为了保证数据分发系统中 RBPIA 机制的正常执行，防止参与者的恶意行为。RBPIA 服务器在数据消息中加入安全密文。当参与者每进行一次数据分发时，都会从接收节点收到反馈信息，反馈信息<*data id*, *encryption*>包括消息编号和消息密码(由系统自动生成，同一数据消息产生的消息密码相同)。在参与者的数据分发任务完成后，必须将接收到的反馈信息提交给 RBPIA 服务器，服务器才能将兑现报酬交付参与者。在本章提出的系统中，RBPIA 服务器被认为是可信的，不建立第三方的信任机制。最终，参与者将反馈信息提交给服务器，按照 RBPIA 机制进行参与者分发数据的信任值的计算。另外，如果网络中的节点从参与者 i 处获得分发数据，同时也想成为数据分发服务的参与者，则通过接入 AP 的机会向服务器发送参与消息，在 *additional data* 中提供接收到的数据副本和数据来源节点的 *id*，可以作为服务器对

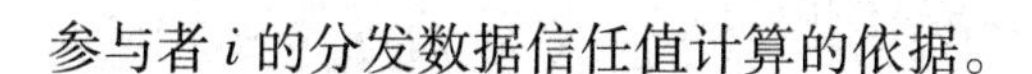

参与者 i 的分发数据信任值计算的依据。

6.4.2 数据分发执行过程

机会认知网络的数据分发服务，需要移动节点的参与才能够完成。将激励机制和数据分发服务结合，保证服务的可靠性和服务质量，同时降低系统的激励开销。该数据分发过程如下。

(1)如果数据源节点要进行数据分发服务，则将数据消息发送给 RBPIA 服务器，可以通过运营商网络或 Wi-Fi。

(2)RBPIA 服务器向 AP 范围内的所有节点发送服务需求消息。

(3)当移动节点 i 收到服务器的广播消息，且愿意参与数据分发服务，则向 RBPIA 服务器发送参与消息。

(4)如果移动节点 i 竞标成功，则成为数据分发服务的参与者，接收到 RBPIA 服务器发送的数据消息，在此 RBPIA 服务器的带宽资源有限，发送给每位参与者一份数据消息。

(5)参与者 i 可以最多分发 *copy number* 个数据消息，沿着自己的移动路线，将携带的数据消息分发给移动过程中能够与其接触的节点。

(6)参与者 i 每次分发一个数据消息将由接收节点产生一个反馈消息，发送给参与者节点 i。

(7)如果接收节点想成为数据分发系统的参与者，有两种机制：一种是通过接入 Wi-Fi 的机会向 RBPIA 服务器进行申请，也可以通过运营商网络向服务器进行申请，申请消息属于控制消息，通信成本很低；另一种是向分发数据的参与者提交参与消息，以不高于参与者竞标价格的标价参与数据分发，例如：节点 k 从参与者 i 处接收到数据消息，向参与者 i 提交反馈消息的同时发送参与消息，如果节点 k 给出的 *bid price* 低于参与者 i 的 *bid price*，则节点 k 成为新的参与者。

(8)参与者 i 完成数据分发服务后，在与 RBPIA 服务器有连接机会时向 RBPIA 服务器提交所有反馈消息和所有通过参与者 i 加入的新参与者的参与消息，服务器最终会依据反馈消息给出参与者报酬，并依据新的参与者完成服务的完成质量，给予参与者 i 奖励。

数据分发系统中参与者的声望值计算与 6.4 节介绍的 RBPIA 的计算过程一致，通过 RBPIA 机制保证分发数据的可靠性及防范参与者的共谋行为，减少系统的激励开销。

6.5 性能评价

本节将在多种仿真情景下，对 RBPIA 算法进行性能评价，采用文献[225]中的提出的基于动态定价的激励算法(RADP-VPC)与 RBPIA 进行性能对比。RADP-VCP 与广泛用于系统激励方案的 RSFP[215]进行对比，在系统激励开销和系统公平性等方面均优于 RSFP[26]。所以，本书仅对 RBPIA 与 RADP-VPC 进行性能比较。RBPIA 与 PADP-VPC 的特点比较如表 6.1 所示。

表 6.1 激励机制的特点比较

Tab.6.1 Summary of incentive mechanism comparison

	拍卖机制	共谋行为防范	恶意行为防范	动态网络环境	招募机制
RBPIA	多维反向拍卖	有	有	适用	有声望参与者
RADP-VPC	一维反向拍卖	无	无	适用	所有参与者

6.5.1 仿真环境部署

在本书中，以机会认知网络中的环境监测应用为背景建立仿真环境，以监测空气中 PM2.5 的浓度为应用实例。生成一组随机向量，表示在较短的监控时间内每个参与者在其所在位置感知的空气中 PM2.5 浓度的数据。为了与 RADP-VPC 算法进行比较，本节采用文献[26]中设置的仿真参数，如式(6.15)和式(6.16)所示，参与者会依据系统给予参与者的回馈，即投资回报(return on investment，ROI)，与参与者的期望报酬、期望投资回报(expected return on investment，EROI)相比较，从而确定在下一轮系统服务(拍卖)中的行为，即是退出还是再次加入系统服务。

6.5.1.1 投资回报

$$ROI_i^r = \frac{e_i^r + \beta_i}{\rho_i^r \cdot t_i + \beta_i} \tag{6.16}$$

ROI_i^r 的值由式(6.16)进行计算，其中，ρ_i^r 表示截止到当前拍卖轮数 r 时，参与者 i 参加拍卖的次数；t_i 表示参与者 i 在每一轮拍卖中为了获取感知数据而付出努力的价值；$\rho_i^r \cdot t_i$ 表示参与者在目前所有参与服务中期望获取的最小回报；e_i^r 表示参与者 i 目前获取的真实回报；β_i 表示参与者 i 的容忍期，也就是参与者 i 可以容忍的参与拍卖的最多轮数，随着 β_i 的值增加，ROI_i^r 缓慢减少。因此，ROI_i^r 是参与者实际获得的回报与期望获得的最小回报的比值。本节使用每一个参与者的 ROI_i^r 值确定参与者是否会退出系统服务的反向拍卖机制。设置参与者的 ROI_i^r 值为0.5，作为参与者投资满意度的阈值，即如果 $ROI_i^r < 0.5$，参与者 i 将退出系统服务的反向拍卖。在仿真情景中，对不同的参与者 i 设置容忍期 β_i 值，每一个参与者都有自己的 ROI_i^r 阈值，即判断是否退出反向拍卖的阈值。

为了保证充足的参与者参与系统服务，系统采用招聘机制激励退出反向拍卖的参与者重新参与反向拍卖。系统的招聘机制将向退出反向拍卖的参与者广播胜出者最高的竞标价格。退出的参与者 i 用前 r 轮反向拍卖中赢家的最高竞标价格计算自己在第 r+1 轮反向拍卖中的期望投资回报 $E\,ROI_i^{r+1}$，如式(6.17)所示：

$$EROI_i^{r+1} = \frac{e_i^r + \varphi_r + \beta_i}{(\rho_i^r + 1) \cdot t_i + \beta_i} \tag{6.17}$$

其中，φ_r 表示前 r 轮反向拍卖中的胜出者的最高竞标价格。如果计算得到的参与者期望投资回报 $E\,ROI_i^{r+1}$ 大于其最小投资回报的阈值 ROI_i^r，参与者则将再次参与下一轮的反向拍卖，并向系统出售感知到的数据。需要注意的是，前 r 轮反向拍卖中赢家的最大竞标价格 φ_r 仅有退出的参与者才能获知，而胜出者是不能获知的，以防止胜出的参与者抬高竞价。在式(6.16)和式(6.17)中，参与者的容忍期 β_i 在3~7之间的整数范围内均匀分布。因此，每个参与者都有不同的最小投资回报阈值，若低于参与者最小投资回报，参与者将退出机会认知网络的反向拍卖。

6.5.1.2　效用函数

依据文献[226]中提出的效用函数，在本章的仿真系统中，投标人自适应的调整投标价格。如果投标人在上一轮的拍卖中失利，则会在新一轮拍卖中将投标价格降低20%。如果投标人在上一轮拍卖中胜出，则会在新的一轮拍卖中增加10%的竞标价格或保持上一轮的投标价格不变。仿真系统中，参与者的初始竞标价格均匀分布于成本价格与150%的成本价格之间。在第 r 轮拍卖后，退出拍卖的参与者会依据其期望投资回报 $E\,ROI_i^{r+1}$ 决定是否参与第 $r+1$ 轮反向拍卖；对于参与者 k，如果 $E\,ROI_k^{r+1} > ROI_k^{r+1}$，则参与者 k 将随机选择是否加入 $r+1$ 轮反向拍卖，否则仍然不参与第 $r+1$ 轮反向拍卖。

6.5.1.3　参与者的恶意行为和竞标共谋

本节将参与者分为三类：正常参与者、恶意参与者和竞标共谋参与者。如

表 6. 1 所示：

表 6. 2　参与者提供的感知数据和竞标价格

Tab.6. 2　Thesensing data and bid price of participants

参与者	感知数据的准确率	竞标价格
正常参与者	90%~100%	正常
恶意参与者	10%~20%	正常
共谋参与者	90%~100%	低→高

在表 6. 2 中，正常参与者提供的感知数据的准确率为 90%~100%，竞标价格与其提供感知数据所付出的代价相符。恶意参与者故意提供损坏的感知数据，数据的准确率为 10%~20%，竞标价格是正常的，且恶意参与者的招标行为不遵循效用函数。共谋的参与者通常提供正常的感知数据，但是在初始反向拍卖中，这些共谋的参与者投出较低的竞标价格，在竞标中成为赢家，使正常的参与者退出反向拍卖后，操纵系统服务，抬高竞标价格，使其利益最大化。

在仿真中，设置三种情景，如表 6. 3 所示。每种情景都设置 50 轮反向拍卖，40 名参与者参加反向拍卖。

表 6. 3　三种仿真情景下的参与者人数设置

Tab.6. 3　Participate composition in three scenarios

情景	正常参与者人数	恶意参与者人数	共谋参与者人数
A	38	2	0
B	20	2	18
C	20	18	2

6. 5. 2　仿真结果

6. 5. 2. 1　激励开销的性能评价

图 6. 6 至图 6. 8 分别显示了在三种仿真情景中，使用 RBPIA 和 RADP-VPC 两种算法系统的激励开销情况。

如图 6. 6 所示，在情景 A 中，没有共谋参与者参与拍卖，因此 RBPIA 和 RADP-VPC 两种算法的系统激励开销都比较小。

如图 6. 7 所示，在情景 B 中，存在共谋参与者，从第 10 轮反向拍卖开始，部署了 RADP-VPC 的系统的激励开销快速增加。这说明 RADP-VPC 算法无法阻止参与者的共谋行为。在情景 B 中，共谋参与者占参与者总数的比例近

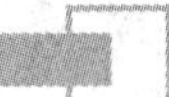

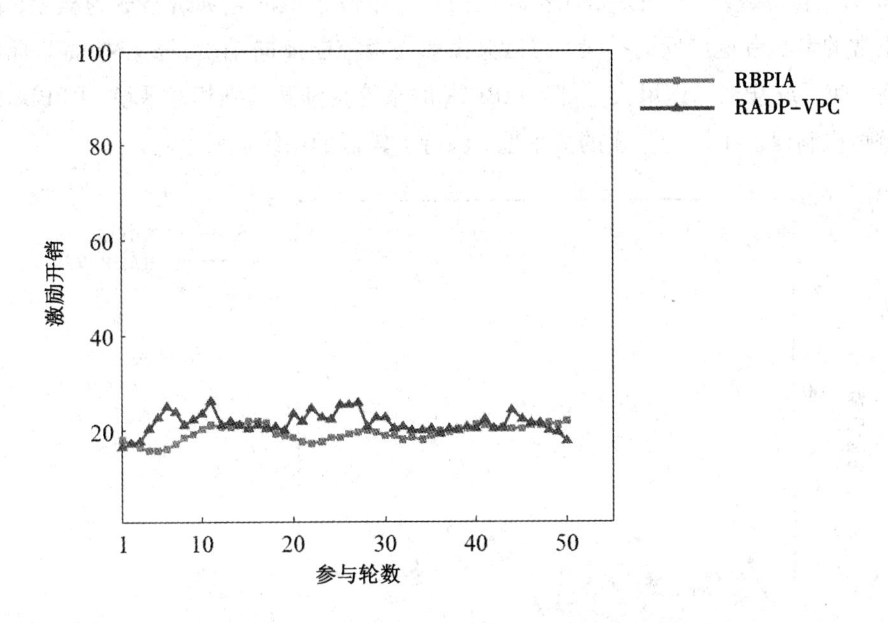

图 6.6　情景 A 中部署 RBPIA 和 RADP-VPC 的系统激励开销

Fig.6.6　Incentive cost of RBPIA and RADP-VPC in scenario A

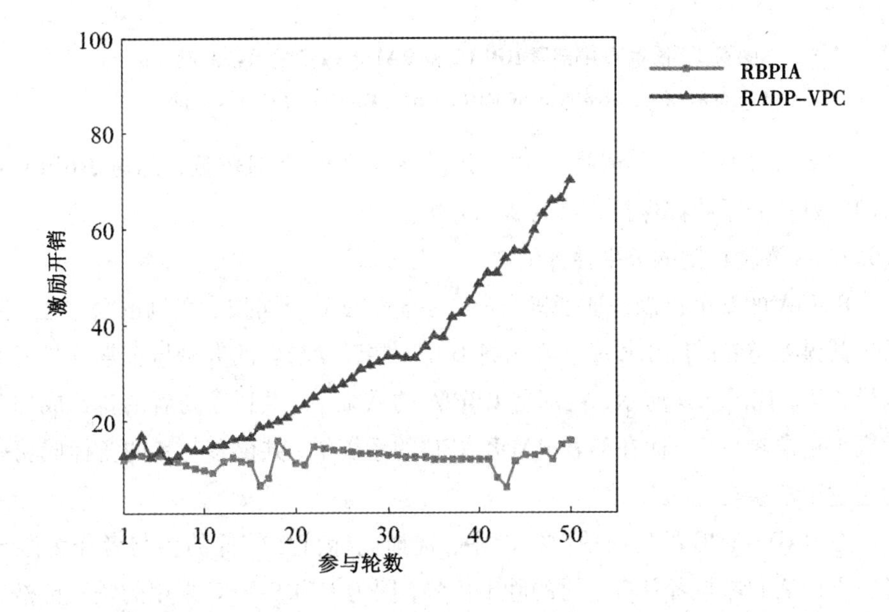

图 6.7　情景 B 中部署 RBPIA 和 RADP-VPC 的系统激励开销

Fig.6.7　Incentive cost of RBPIA and RADP-VPC in scenario B

50%，当共谋参与者在开始几轮的反向拍卖中以较低的竞标价格成为赢家，使正常的参与者退出反向拍卖，之后共谋参与者控制反向拍卖，逐步抬高竞标价格，使系统开销迅速增大。部署 RBPIA 的系统激励开销则相对平稳，RBPIA 的激励机制保证了反向拍卖的公平性，保持了较低的系统激励开销。

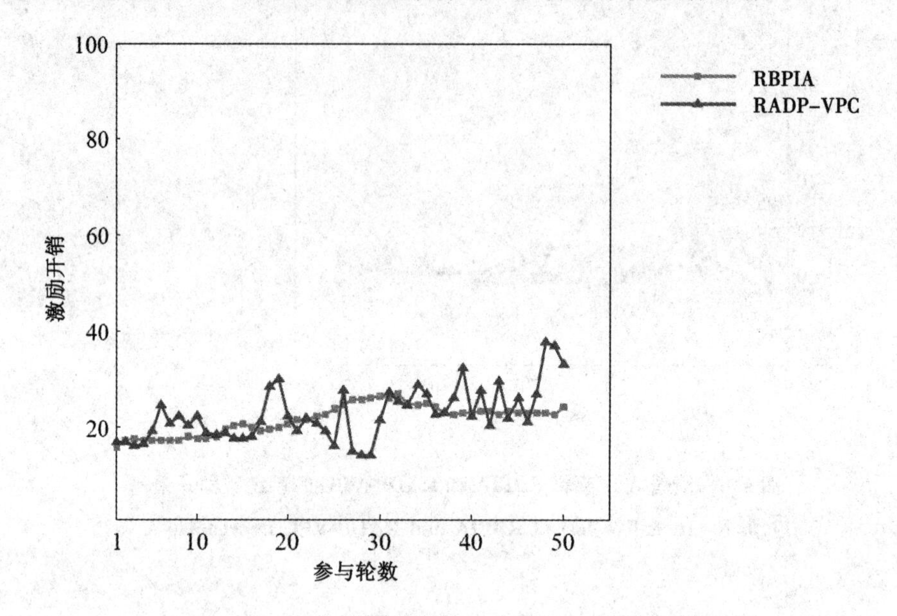

图 6.8　情景 C 中部署 RBPIA 和 RADP-VPC 的系统激励开销

Fig.6.8　Incentive cost of RBPIA and RADP-VPC in scenario C

如图 6.8 所示，在情景 C 中，共谋参与者的比例较低，部署 RBPIA 和 RADP-VPC 的系统都保持较低的激励开销。

6.5.2.2　激励机制的公平性评估

RBPIA 的激励机制保证了机会认知系统中多维反向拍卖机制的公平性，降低了共谋参与者的胜出概率。在情景 B 中，共谋参与者的数量与正常参与者的数量相当，如图 6.9 所示，在部署 RBPIA 的系统中，共谋参与者的竞标成功率远低于正常参与者；而在部署 RADP-VPC 的系统中，共谋参与者的竞标成功率远超过正常参与者。

在 RADP-VPC 的反向拍卖机制中，选择竞标价格较低的参与者作为胜出者。出价低的参与者具有绝对的胜出优势，因为 RADP-VPC 采用的是以价格作为唯一权重指标的一维反向拍卖机制。在 RBPIA 中，采用多维反向拍卖机制，不仅考虑参与者的竞标价格，同时考虑参与者的声望值，声望值由感知数据信

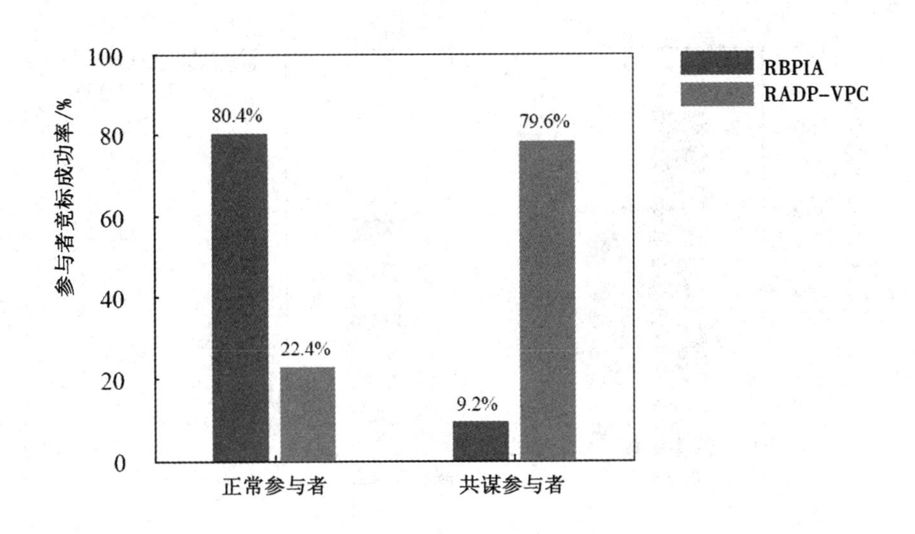

图 6.9　情景 B 中部署 RBPIA 和 RADP-VPC 的参与者竞标成功率

Fig.6.9　Winning probability of participants in scenarios B

任度和竞标价格信任度两个权重指标确定，保证激励机制具有较好的公平性。在 RBPIA 的多维反向拍卖机制中，拥有较高声望的参与者比拥有较低声望的参与者具有更高的竞标成功率，即在几轮拍卖之后，声望较低的参与者竞标成功率将会明显降低。

如图 6.10 所示，在情景 C 中，恶意参与者与正常参与者的数量相当，由于 RBPIA 采用多维反向拍卖机制，不仅考虑价格作为竞标胜出的指标，还考虑了参与者的声望值，所以正常参与者的中标成功率远高于恶意参与者的中标成功率；在 RADP-VPC 中，仅将竞标价格作为拍卖胜出的评价指标，无法区分恶意参与者与正常参与者，恶意参与者按照正常的竞标价格参与反向拍卖，所以正常参与者与恶意参与者的中标成功率相当。由此可以看出，在有恶意参与者的机会认知系统应用中，RBPIA 能够更好地保证系统服务的可靠性，同时比 RADP-VPC 的激励机制具有更好的公平性。

6.5.2.3　招募机制评估

在 RBPIA 和 RADP-VPC 中都引入了参与者招募机制。本节在三种仿真情景下，对两种激励机制中退出的参与者再次参与系统服务的行为进行对比。招募机制有助于系统保持充足的参与者数量并且维持较低的激励开销，RBPIA 激励具有较高声望的参与者加入到系统中，能够防止参与者恶意和共谋行为。

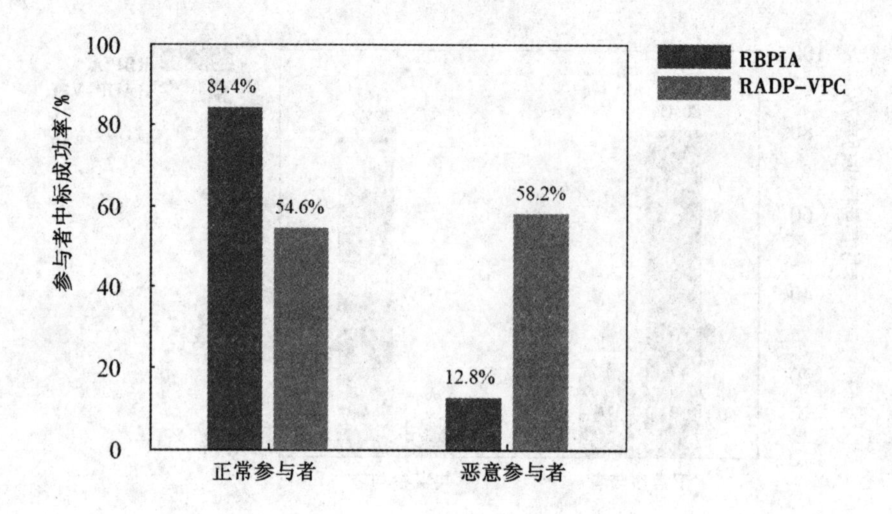

图 6.10　情景 C 中部署 RBPIA 和 RADP-VPC 的参与者中标成功率

Fig.6.10　Winning probability of participants in scenarios C

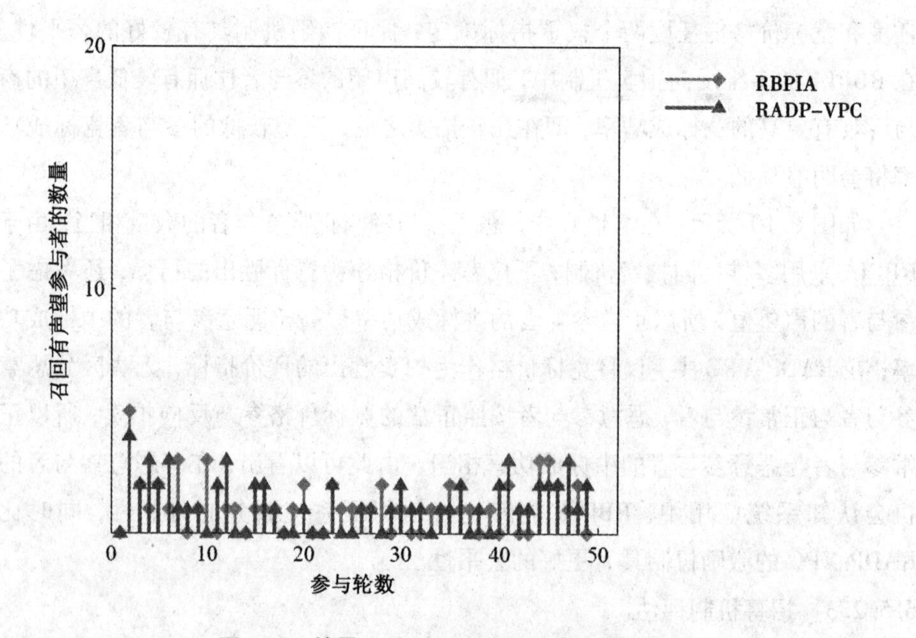

图 6.11　情景 A 中召回有声望的参与者的数量

Fig.6.11　Number of recruited reputable participants in scenario A

在情景 A 中，没有共谋的参与者和极少数的恶意参与者，RBPIA 和 RADP-VPC 中的招募机制都可以召回有声望的参与者再次参与反向拍卖。如图 6.11

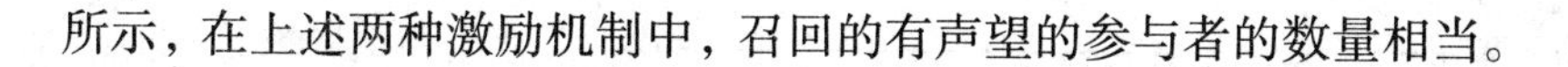

所示，在上述两种激励机制中，召回的有声望的参与者的数量相当。

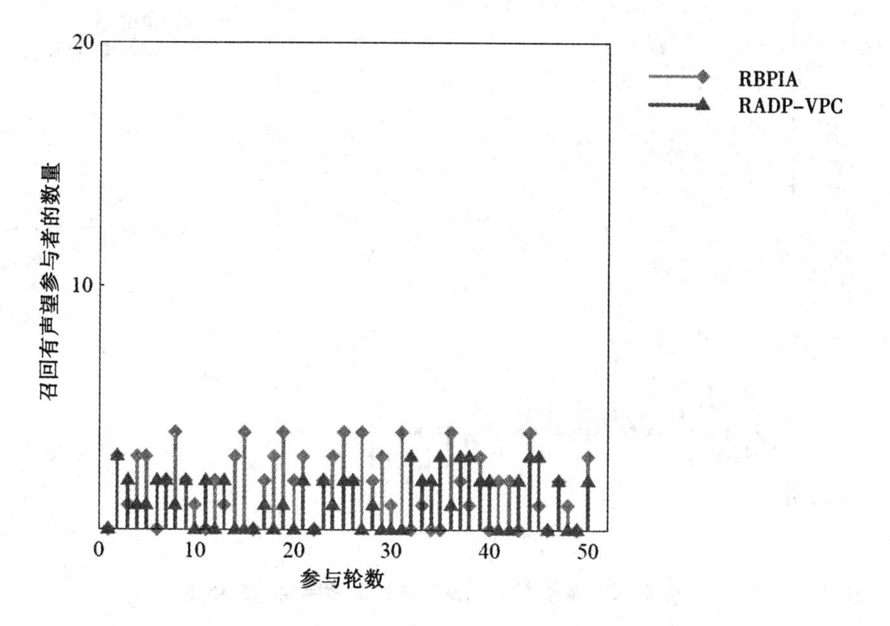

图 6.12 情景 B 中召回有声望的参与者的数量

Fig.6.12 Number of recruited reputable participants in scenario B

在 RADP-VPC 中，竞标胜出者的选取仅基于竞标价格，因此不能应对参与者共谋的情况。共谋的参与者会用较低的竞标价格在反向拍卖中连续胜出，最终导致正常的参与者退出拍卖。RBPIA 的激励机制考虑参与者的声望值，给予有声望的参与者更多的机会参与拍卖。如图 6.12 和图 6.13 所示，在情景 B 中存在大量的共谋参与者，在情景 C 中存在大量的恶意参与者，在这两种情况下，RBPIA 的招募机制可以召回更多的有声望的参与者，而 RADP-VPC 召回的有声望的参与者较少。

6.5.2.4 数据分发算法评估

实验部分的目的是在两个场景中评估 RIDD，并说明其特性。本书选择 Spray and Wait[227] 作为基线进行比较，这是经典的机会路由算法，没有考虑节点的自私性。在 Spray and Wait 下，许多副本被发放到网络中，然后“等待”，直到其中一个节点找到目标节点。由于 Spray and Wait 不考虑移动节点的自私性，我们实现了它的两个变体。第一个(表示为“SaW selfish”)假设所有节点都是自私的，因此，节点只直接从源数据节点接收所需的数据消息。在另一个名为“SaW cooperative”的变体中，我们假设节点是协作的和利他的，节点总是

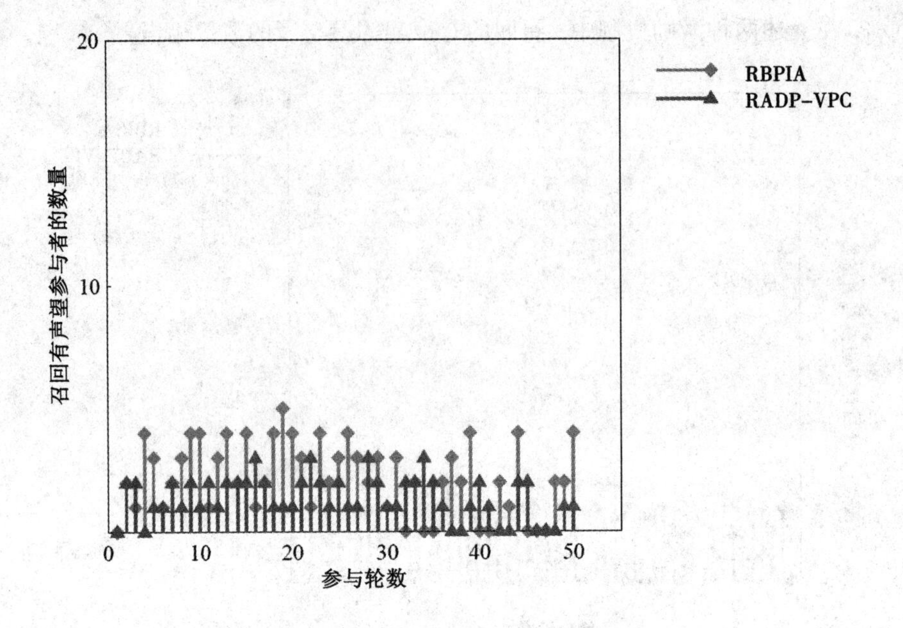

图 6.13　情景 C 中召回有声望的参与者的数量

Fig.6.13　Number of recruited reputable participants in scenario C

在满足自身的便利性之后，考虑到自身的资源和路由，选择最具价值的数据消息来承载给他人。

SID 是一个自我利益驱动的激励方案，旨在激励自私节点之间的合作，在自主移动社交网络中进行广告传播。每个广告数据包中都包含一个虚拟检查。当一个预期的接收方第一次从一个中间节点接收到数据包时，前者授权给后者一个数字签名的检查，作为成功发送广告的证明。虚拟支票的多个副本可以由不同的接收者创建和签名。当拥有签名支票的节点遇到广告提供者时，它请求提供者兑现支票。广告包和签名支票都可以在移动节点之间进行交易。

具有代表性的参与式传感数据集是 UCSD WTD 数据集[183]，在我们的仿真场景中使用。注意，最近对人类活动本质的研究工作已经证明，合适的运动模型能够充分反映人类活动[32]的行为。我们平台部署的移动模式模型为 SPMBM 模型[207]，它是一个融合时空关系，为节点在地图区域内随机行走选择最短路径的移动模型。

表 6.4　仿真参数

Tab.6.4　Simulation parameters

参数	值
仿真时间	12h
区域大小	4500m×3400m
场景	东北大学校园
APs	50 个
车辆的移动速度	2. 7~13. 9m/s
车辆的数量	40
行人的移动速度	0. 5~1. 5m/s
行人数量	160
最大传输距离	100m
最大队列长度	200 个数据包
包大小	500kB~1MB 随机
数据发包频率	25~35s 随机
最大拷贝数量	8

在我们的仿真实验中，仿真参数如表 6. 4 所示，共有 200 个移动节点，涉及 160 个行人和 40 辆汽车，遥感数据种类有 40 个，每个节点都有 200 个包的默认队列大小。当节点充当数据提供者时，它每 10 分钟在一个随机数据类别中生成一条数据消息。同时，节点还对接收随机选择的 5 个数据类别中的数据感兴趣。如果通信范围增加 APs 的范围，移动设备可以交换数据的分布式 LOPSI 不使用位置预测计划的一部分，不同的无线通信技术包括 Wi-Fi 直接、蓝牙、无线个域网，等来评估该数据传播算法的性能，我们进行一系列的实验参数在表 I。First-In-First-Out 应用于缓冲区管理，数据包的 TTL 设置为数据服务的过期时间，它最初是在控制包中设置的。在仿真实验中，为了比较激励机制的绩效，将 TTL 设置为变量。数据包的 TTL 表示数据包在网络中可以生存多长时间。

如图 6. 14 所示，随着恶意参与者比例的增加，RIDD 的性能一直很好，直到这个比例接近 90%。RIDD 防止恶意参与者传递损坏的数据消息。SID 具有激励移动节点参与系统服务的激励机制，但由于没有保护数据消息可靠性的方案，使得传递率急剧下降。此外，SaWcooperative 也不能处理恶意行为，导致交付率下降。但是移动节点之间的协作性优于 SID，因此降低的比率低于 SID。

由于移动节点拒绝传输不满足其便捷性的数据消息，使得 SaWselfish 的初始发送率低于其他方案，并且随着恶意参与者的增加，发送率也有所下降。

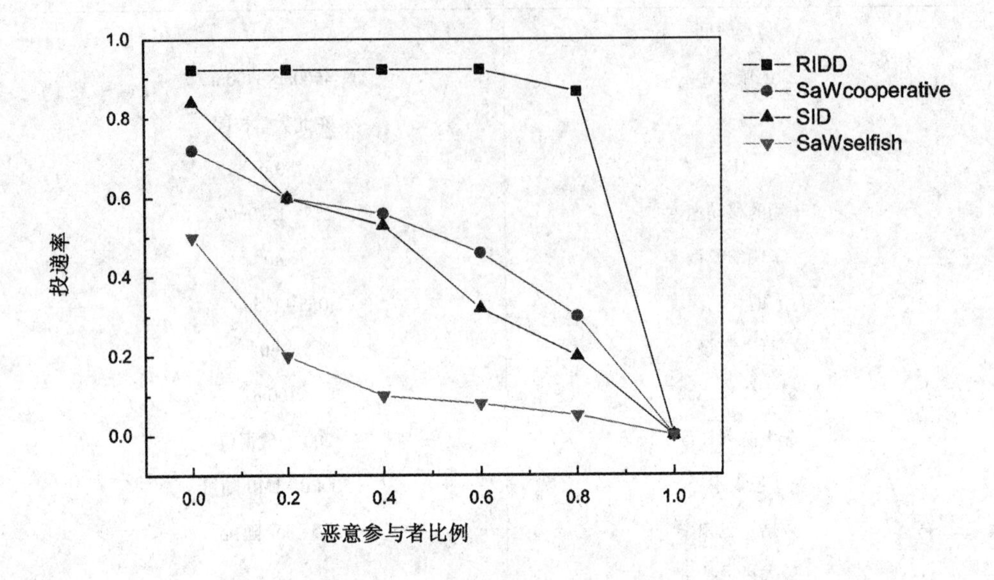

图 6.14 投递率随恶意参与者的比例而变化

Fig.6.14 Delivery ratio varies with the ratio of malicious participants

SID 的数据分发方案类似于 PROPHET[187] 的方案，而 RIDD 采用 LOPSI 方案。在所提出的系统中，LOPSI 和 Spray and Wait 的传输率均优于预测器，并在文献[228]中进行了评价。因此，RIDD 和 SaWcooperative 的平均交付量要高于 SID。

图 6.15 和图 6.16 说明了平均延迟随着队列大小和 TTL 增大的变化趋势。随着队列大小的增加，平均时延也会增加。在初始阶段，因为较大的队列携带更多的数据信息，所以 SaWcooperative 的延迟便相应地降低。但是同时也增加了数据与接收端的相遇，也意味着更低的交付率。对于 SaWselfish 来说，因为大队列会增加自己的资源，所以其平均延迟也会降低。但是，当这些数据包交付时，它们已经经历了长时间的延迟，从而增加了平均网络延迟。因此，平均延迟增高。另一方面，队列大小的增加仅略微影响 RIDD 和 SID 的性能，因为 RIDD 是通过系统奖励为依据向其他人转发数据，SID 交换数据包也旨在最大化其自身的奖励，它们都没有积极地利用增大的队列。

使用更长的 TTL，所有方案都可以向目的地提供更多数据包，直到网络的

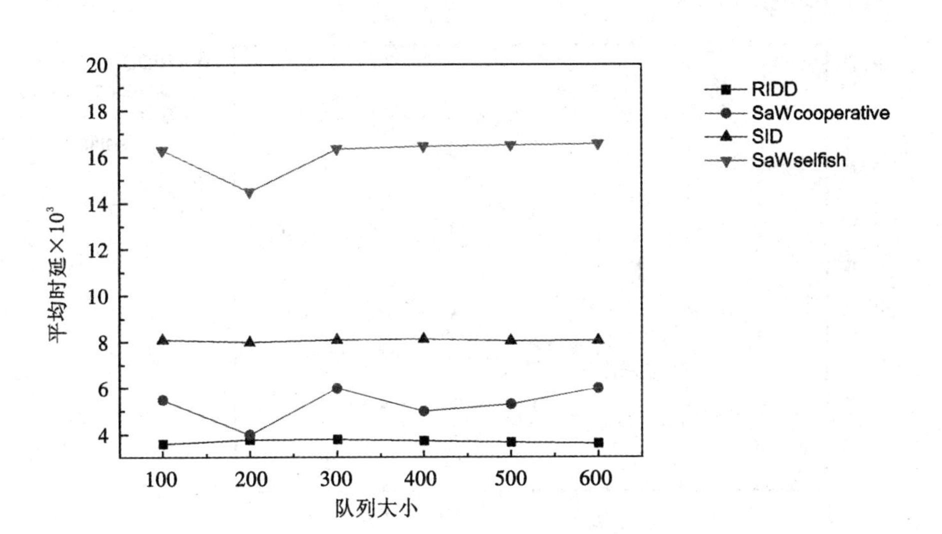

图 6.15　平均时延随着队列增大的变化趋势

Fig.6.15　Average latency trend with increasing queue size

通信容量成为瓶颈，并主导网络性能。如图 6.16 所示，我们注意到在 TTL 增加到 4 小时后，RIDD，SaWcooperative 和 SID 的平均延迟趋于稳定，而 SaWselfish 的延迟随着 TTL 的增加而继续增加。这意味着在 RIDD，SaWcooperative 和 SID 方案中，大多数数据包可以在 4 小时内交付，而 SaWSelfish 需要使数据信息在节点缓冲区中保留更长时间。

图 6.17 和图 6.18 说明了传输成本随队列大小和 TTL 增大的变化趋势。如图 6.17 所示，SaWcooperative 显著增加，因为较长的队列可以使节点更长时间地保留更多的数据包。然而，较长的队列导致传输成本的激增，因为移动节点可以保持和传输更多的复制。队列大小的增加仅略微影响 RIDD 和 SID 的性能，因为 RIDD 和 SID 是基于系统提供的激励方案来交换消息。

如图 6.18 所示，传输成本随着 TTL 的增加而增加。这是因为扩展 TTL 允许数据包在网络中保持更长时间，因此更有可能进行交换和复制，从而产生更多开销。虽然 RIDD 的传输成本趋势从 1 小时处开始稳定，但数据信息可以以相对高的效率传递给接收端。延长 TTL 对 RIDD 的性能有轻微影响。

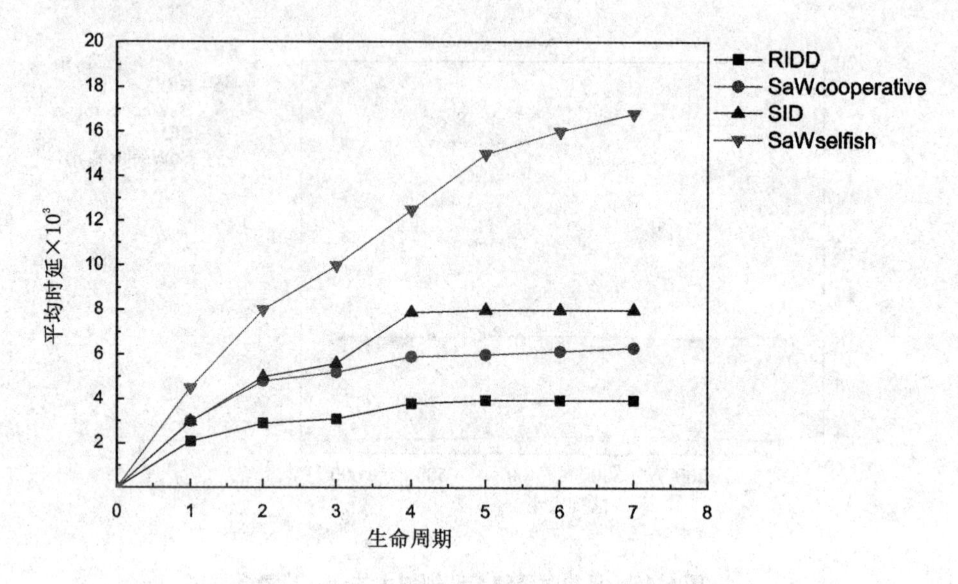

图 6.16　平均时延随着 TTL 增大的变化趋势

Fig.6.16　Average latency trend with increasing TTL

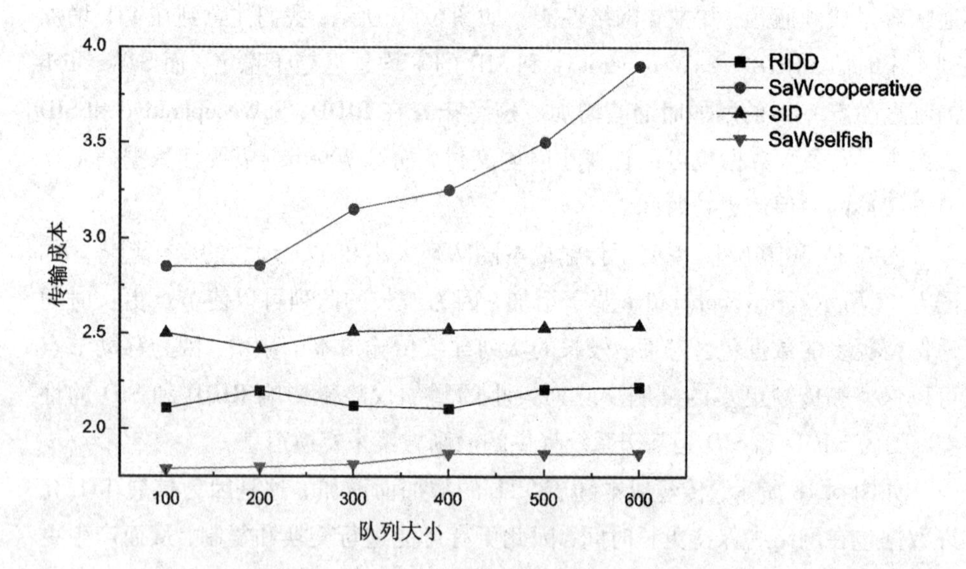

图 6.17　传输成本随着队列大小增大的变化趋势

Fig.6.17　Transmission cost varying under increasing queue size

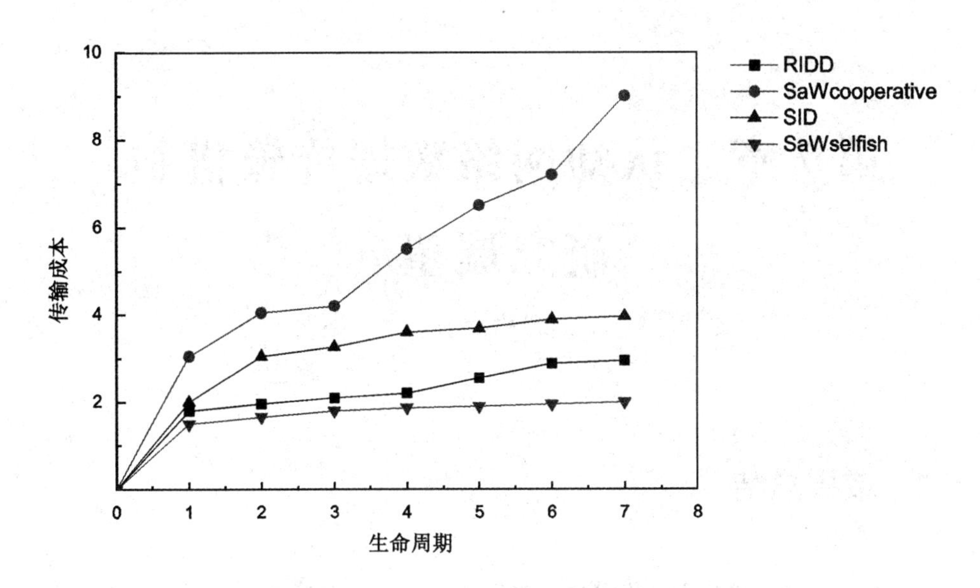

图 6.18　传输成本随着 TTL 增大的变化趋势

Fig.6.18　Transmission cost under the varying TTL

6.6　本章小结

本章提出了基于声望的用户激励机制 RBPIA，在机会认知网络的应用系统中激励用户参与数据采集和数据分发，保证服务的质量和可靠性。该机制在为系统保持充足的具有声望的参与者数量的同时，还能够使系统的具有较低的激励开销。通过仿真实验对 RBPIA 算法进行了性能评估，仿真结果显示，RBPIA 算法明显地增加了有声望的用户参与系统服务的数量，保证充足数量的用户为系统实现可靠的服务，同时减少了系统的激励开销。在 RBPIA 激励机制的基础上，本章还设计了基于 RBPIA 的数据分发策略，提高了机会认知网络的数据分发服务的可靠性和成功率。

第7章 认知网络数据传输机制研究展望

7.1 成果总结

随着移动通信和互联网络发展的多样化、复杂化和社会化，认知网络作为一种具有智能性、自适应性和自管理性的新一代网络技术，在移动社会网络、智能交通网络、校园社区网络、军事网络通信、野生动物监测和环境监测等领域具有深入的研究价值和广阔的应用前景。

与传统网络不同，认知网络将认知能力和智能性融入到网络中，使得网络通过对外界环境的认知，通过学习和推理等智能决策机制，对网络环境和资源的变化采取适应性的行为，同时将行为反馈给外界环境，形成有机的自适应性和自管理性的智能网络生态系统。随着信息化应用与人类生活的密切融合，社群智能系统应运而生，认知网络的系统架构和建构思想为社群智能系统提供了有效的网络模型，在此基础上为社群智能的应用系统提供技术支撑和实现部署。

本书在认知网络的思想和架构下，结合社群智能系统的应用背景，以实现认知网络自适应的路由机制和认识网络社会化应用中的数据服务业务为目标，展开了相关的研究工作，对认知网络的路由策略、机会数据分发机制，节点位置预测模型和节点激励模型等问题，进行了深入的研究，取得了如下研究成果。

(1)认知网络中基于流量预测的自适应路由机制。认知网络能够获取环境信息，根据用户的需求目标，对网络环境和资源的变化作出预先决策，自适应地采取服务响应机制。本书在认知网络的架构下，设计具有流量预测功能的认知网络系统，构建了适用于认知网络的流量预测模型——基于 MMSE 的流量预测模型，通过当前流量状态信息和历史信息，构建流量状态矩阵，进而实现实时在线的流量预测功能。在此基础上提出了最小网络负载路由算法 MWR，选择路由路径上每条流量负载不超过阈值的链路，从而确定最轻流量负载路径进行分组传输。进一步对 MWR 算法进行扩展，提出了自适应的流量预测路由算法 ATPRA，考虑网络流量负载和最小路径两个网络行为参数进行路由选择。仿真结果表明，本书算法在传输延迟、丢包率和负载均衡上都具有较好的性能。

(2)认知网络中有效的流量感知的多路径路由机制。认知网络能够依据网络当前状态信息和先验知识对于网络环境出现的变化提前作出决策，采取相应的行为保证端到端的用户服务质量。为了保证数据传输的有效性，同时保证整个网络具有较好的数据传输性能，本书在认知网络架构下提出了一种有效的流量感知的多路径路由算法 ETAMR。首先，研究了认知网络的特性，建立认知网络架构。在此基础上，研究适合认知网络条件的流量预测模型，设计多路径源路由算法 ETAMR。该算法考虑链路流量负载、节点负载和最短路径，建立主路径的同时还选择若干备选路径，针对网络拥塞或者链路实效等突发网络事件，作出主动响应，保证较高的分组传输成功率和较低的传输延迟，是一种具有良好负载均衡机制的路由算法。通过仿真实验表明，本书提出的多路径算法在传输延迟和传输成功率上具有较好的性能，并且使全网络的流量负载达到良好的均衡。

(3)机会认知网络中基于社会关系的移动节点位置预测算法。认知网络为社群智能系统的部署和实现提供了良好的网络模型和技术支撑，在社群智能的应用系统(例如参与式感知和机会感知系统)中，移动节点的数据通信具有机会网络特性，因此将认知网络技术应用于机会网络中，构建机会认知网络系统。本书在此背景下，研究机会数据分发或数据采集等相关问题，其中位置预测是机会认知网络中进行有效数据采集和数据转发的关键，本书提出了一种基于社会关系的移动节点位置预测算法(SMLP)。该算法基于位置对应用场景进行建模，通过节点的移动规律挖掘节点之间的社会关系。SMLP 算法以马尔可夫模型为基础对节点的移动性进行初步预测，然后利用与其社会关系较强的其他节点的位置对该节点的预测结果进行修正。算法基于马尔可夫模型和加权马尔可夫模型进行了优化，分别提出了 $SMLP_1$ 和 $SMLP_N$ 两种算法实现。最后，基于 UCSD WTD 数据集对算法进行仿真实验。实验结果表明，$SMLP_1$ 比马尔可夫模型有更高的预测精确度；$SMLP_N$ 与 $SMLP_1$ 相比有了更大程度的性能提升，并以比二阶马尔可夫链模型小得多的算法复杂度获得了与二阶马尔可夫链模型相似的预测精度。由于加权系数的引入，$SMLP_1$和$SMLP_N$两种算法都具有良好的可扩展性。

(4)基于蚁群优化的生物启发式机会数据分发算法。对于全分布式的机会认知网络环境，需要依靠移动节点的相遇机会完成数据的转发，从而实现数据分发服务。群体智能算法在网络通信系统中有着广泛的应用，本书采用生物启发式机制解决机会认知网络中的数据分发问题。该机制采用基于蚁群优化的认知启发式技术来设计机会认知网络中以自适应性数据转发为基础的数据分发方案，提出了基于蚁群优化的生物启发式数据分发算法(ACODAD)。该算法通过蚁群优化机制建立移动节点亲密度模型，通过待转发节点与目的节点的亲密度值确定数据转发的概率，在此过程中采用启发式信息对转发概率进行估计，从而确定转发节点集合，进行数据分发。通过仿真验证，同时考虑移动节点的缓存管理，保证整个网络的运行效率和生命周期。通过仿真验证，该算法在平均转发跳数、传输成功率、网络开销和平均延迟方面具有良好的性能。

(5)基于位置预测的生物启发式数据分发算法。机会认知网络在校园社区网络中的部署具有集中式和分布式混合的系统结构。所有网络节点都可以连接到一个几乎经常断开的网络，但在短距离通信范围内具有高带宽，可以实现节点之间的数据传输。同时，部分节点可以接入到一个持续连通的网络，并且通信范围较大，但是传输速率较低，只能进行控制消息的传输。在此机会认知网络的应用系统中，提出了两种数据分发算法：基于位置预测的数据分发算法(LOPDAD)和基于位置预测的蚁群优化数据分发算法(LOPSI)。LOPDAD 算法通过预测移动节点的位置状态，判断数据分发的中继节点与目的节点的相遇概率，进而计算转发概率，确定转发节点集合。LOPSI 算法是一种概率路由与接触路由相结合的数据分发机制。首先，预测中继节点与目的节点在未来连续时间序列的位置状态集合，通过蚁群优化算法计算中继节点与目的节点之间的亲密度；其次，通过位置信息和亲密度计算中继节点的消息转发概率；最后，依据系统状态确定转发概率较大的移动节点作为消息转发的中继节点。仿真部署的地理模型采用真实的校园场景，本书提出的算法在传输开销、平均跳数、传输延迟和传输成功率均达到良好的性能。

(6)基于声望的用户激励机制和数据分发算法。对于社群智能系统的参与式感知和机会感知应用，需要考虑参与节点的可靠性和积极性，本书研究机会认知网络系统中，针对参与节点提供数据服务的可靠性和持续性问题提供解决方案，提出了基于声望的用户激励机制(RBPIA)，并在此基础上设计了数据分发算法。首先，RBPIA 模型从两方面构建用户的声望值，一是数据可靠性，二是竞标可靠性，对参与者的恶意行为和共谋行为进行防范，为系统保持充足的具有声望的参与者数量的同时，还能够使系统的具有较低的激励开销。通过仿真实验对 RBPIA 算法进行了性能评估，仿真结果显示，RBPIA 算法明显地增加了有声望的用户参与系统服务的数量，保证充足数量的用户为系统实现可靠的服务，同时减少了系统的激励开销。在 RBPIA 激励机制的基础上，还设计了基于 RBPIA 的数据分发策略，保证机会认知网络中数据采集和分发任务的可靠性及降低系统的激励成本。

7.2 研究展望

随着新一代网络通信系统的发展，认知网络技术为新一代网络通信系统提供了高效智能的数据传输机制，将人工智能、机器学习及大数据分析等技术与认知网络行为测量与分析相结合，具有广阔的研究前景。

(1)基于网络行为分析的效用混合路由机制。在认知网络架构下，设计应用性和适用性更好的认知网络系统，使得具有长相关特性的流量预测模型应用于整个网络的流量管理中，提高流量预测的准确率，尤其是针对主干网的流量预测模型，将流量预测模型应用在认知架构下的异构网络系统中。在此基础上设计适合的路由算法，扩展路由算法的性能，采用机器学习方法对更多的网络行为参数进行分析预测，实现更全面的网络性能优化。例如，节点的能耗和缓存负载等性能参数，这些对于认知无线移动网络和认知自组织网络都是非常重要的性能指标，采用服务质量模型，使路由算法能更好地满足用户需求。考虑混合网络行为参数的均衡效用，设计更有效的路由机制满足这些网络需求，提高整个网络的服务质量，延长网络的生命周期。

(2)面向社群用户的可信数据传输服务及隐私保护机制。对于基于社群智能的机会认知网络系统，在实际应用中面临着数据服务的安全性和可靠性的问题，另外机会认知网络中的数据分发服务，需要占用移动节点的存储资源、感知资源和计算资源，甚至在一定程度上暴露参与者的隐私。所以，需要在保证数据分发过程中的数据安全和任务完成质量的同时，考虑用户信息的隐私保护机制，同时给予参与用户精神或物质上的激励，才能保证数据服务的成功执行。面向社群的认知网络数据传输系统是一个全分布式系统，基于激励的可信传输机制的研究可以结合区块链技术进行研究，设计合理的智能合约机制，保障可信数据传输服务。

(3)基于生物启发式算法的可信群组构造机制。基于社群智能的机会认知系统中，节点移动模型的研究目的还有拓扑优化，关注节点的相遇概率和相遇时间分布，利用节点的移动性完成数据的传输和节点通信。结合移动节点位置预测机制和节点之间的社会化特征，采用生物启发式算法进行移动节点的群组构造，从而提高机会认知网络的社会化应用，部署更具有实用性的网络应用系统。另外，可以结合声望评估机制，设计科学合理的声望评估模型，考虑多项用户行为参数，在群组构造时考虑个体声望和群组声望，在服务质量和声望之间进行权衡，建立可靠有效的群组构造机制，为机会认知网络应用提供更高质量的服务。

(4)5G 通信系统中的机会认知网络数据传输的研究。当前阶段，5G 的基本通信技术已经有了成熟的研究，到 2020 年左右会出现较为成熟的 5G 通信服务及 5G 通信设备。5G 通信技术与认知网络架构的结合，面向新兴技术产业比如无人驾驶、移动边缘计算等，是未来研究领域的热点。D2D 通信作为 5G 通信系统中的一种重要技术，用于 5G 网络边缘端设备进行无基础设施支持的通信。5G 网络支持极高的带宽和极低时延的通信，同时还可以支持小范围内大量设备的接入。这些特性可以为新兴多媒体资源(AR 和 VR 等)的传输提供保障，为无人驾驶提供超低时延的网络集中控制，同时也为大规模 Internet of things(IoT)设备入网提供了基础支持。根据思科视觉网络指数(Cisco visual networking index)最近发布的一份报告，到 2022 年，全球平均每人拥有 1.5 台移动连接设备[229]。在一个小区域内将存在大量移动连接设备，同时这些设备都具有一定的存储、通信和计算能力，这为 5G 网络边缘端设备计算任务和流量需求的卸载提供了基础支持。在 5G 环境下，虽然数据传输速率满足用户对新兴多媒体资源下载的需求，但是也导致了用户流量资费的增长。因此，利用机会网络共享大数据量的多媒体资源仍然具有实际意义。并且，在 5G 网络边缘端存在大量的移动连接设备，这些设备都具有极高的传输带宽，5G 网络的这些特性为机会网络的数据成功传输提供了保障。但是，目前为止 5G 背景下的机会认知网络的研究工作尚处于空白阶段。

机会认知网络中优化问题的研究一般都会存在一些限制因素，比如通信时间、设备电量、设备存储、设备间的社会关系等。在传统机会网络中，通信时间会直接影响一次数据传递的成功率，并且由于较低的数据传递成功率，设备在一定时间内缓存的数据量较小。但是在 5G 极高通信带宽的情况下，通信时间带来的影响会大大减小，一次数据传递的成功率会大大提高，设备存储容量可能会被缓存内容占满。因此，5G 环境中的机会网络优化问题的限制因素的影响因子需要重新设定，以实现 5G 环境下人们对机会认知网络的愿景。5G 环境下的机会网络主要有两个问题需要解决：一是通过网络边缘端设备的协作，完成机会网络"最后一步"数据传输；二是重新构建适合 5G 环境的机会网络数据通信数学范式，并设计适合的路由、缓存算法。

(5) 车联网及无人驾驶网络数据传输机制研究。5G 将为构建智能车联网环境提供基础设施，将车联网性能和能力要求推向极致[230]。5G 环境下车-X 通信实现及通信优化是当前研究的重点，随着 5G 进程的推进，利用 5G 通信技术实现车联网的超低时延通信，为车联网提供高质量高可靠的通信将会成为 5G 与无人驾驶方向的研究热点。

整个无人驾驶网络的控制需要一个完整的低延时网络架构，这种低延时网络架构根据对时延的不同要求可以分为三层：① 对于车辆之间通信，我们要求在极短时间内完成通信连接及数据的传递；② 对于一个基站通信范围内的道路情况信息的获取，我们可以将一个边缘服务器放置在基站上，收集该基站范围内车辆上传的信息，进行处理并返回给需要这些信息的车辆，虽然基站范围内的信息不用要求超低的时延，但同时使用边缘服务器，我们可以在满足需求的前提下降低通信时延，提高无人驾驶的安全性；③ 而对于一个较大区域内道路信息的请求，需要将边缘服务器中的信息继续向上提交到云服务器中，云服务器根据这些信息得到整个地区的道路情况，并返回结果给有需要的车辆。这样一个基础的三层架构可以为无人驾驶提供超低延时的实时交通信息交互，以及低延时的道路信息规划等功能。同时，我们需要给车联网提供高质量的通信服务，根据车辆所处的不同情况，提供无缝的通信切换体验，比如高密度区域和低密度区域采取不同的通信机制满足车联网对通信时延等指标的要求[231]。5G 网络可以为无人驾驶提供集中式的控制和上层的安全保障，我们感兴趣的工作可以总结为以下三个方面：利用毫米波实现车辆周围超低时延的信息交互，动态通信机制的优化，适用于无人驾驶网络控制的网络架构及各种信息处理机制的设计实现。

参考文献

[1] THOMAS R W,DASILVA L A,MACKENZIE A B.Cognitive networks[C]//New Frontiers in Dynamic Spectrum Access Networks,DySPAN,IEEE International Symposium on,2005:352-360.

[2] THOMAS R W,FRIEND D H,DASILVA L A,et al.Cognitive networks: adaptation and learning to achieve end-to-end performance objectives[J].IEEE communications magazine,2006,44(12):51-57.

[3] THOMAS R W,DASILVA L A,MARATHE M V,et al.Critical design decisions for cognitive networks[C]//IEEE Communications Society Subject Matter Experts for Publication in the ICC 2007 Proceedings,2007:3993-3998.

[4] SIFALAKIS M,MAVRIKIS M,MAISTROS G.Adding reasoning and cognition to the internet[C].Samos:Proceedings of the 3rd Hellenic Conference on Artificial Intelligence,2004:80-86.

[5] MAHMOUD Q H.Cognitive networks:towards self-aware networks[M].New York:John Wiley & Sons,Ltd.,2007:57-71.

[6] CLARK D D,PARTRIDGE C,RAMMING J C,et al.A knowledge plane for the internet[C].Karlsruhe:Proceedings of the ACM SIGCOMM 2003 Conference on Applications,Technologies,Architectures,and Protocols for Computer Communications,2003.

[7] BOSCOVIC D.Cognitive networks[R].Schaumburg:Motorola Technology Position Paper,2005.

[8] REDING V.The future of the internet[J].European communication,2008.

[9] FORTUNA C,MOHORCIC M.Trends in the development of communication networks:cognitive networks[J].Computer networks,2009,53(9):1354-1376.

[10] MITCHELL T M.Mining our reality[J].Science,2009,326(5960):1644-

1645.

[11] ZHANG D Q, GUO B, YU Z W. The emergence of social and community intelligence[J]. Computer, 2011, 44(7): 21-28.

[12] MITOLA J. Cognitive radio: an integrated agent architecture for software defined radio[D]. Stockholm: Royal Institute of Technology(KTH), 2000.

[13] HAYKIN S. Cognitive radio: brain-empowered wireless communication[J]. IEEE journal on selected areas in communication, 2005, 23(2): 201-220.

[14] SHAKKOTTAI S, RAPPAPORT T S, KARLSSON P C. Cross-layer design for wireless networks[J]. IEEE communications magazine, 2003, 41(10): 4-80.

[15] SRIVASTAVA V, MOTANI M. Cross-layer design: a survey and the road ahead[J]. IEEE communications magazine, 2005, 43(12): 112-119.

[16] CLARK D D, PARTRIDGE C, RAMMING J C, et al. A knowledge plane for the internet[C]. Karlsruhe: Proceedings of ACM SIGCOMM 2003: Conference on Computer Communications, 2003.

[17] PARTRIDGE C. Thoughts on the structure of the knowledge plane[R]. Cambridge: Technical Report BBN, 2003.

[18] MAHONEN P, RIIHIJARVI J, PETROVA M, et al. Hop-by-hop toward future mobile broadband IP[J]. IEEE communications magazine, 2004, 42(3): 138-146.

[19] BONABEAU E, DORIGO M, THERAULAZ G. Swarm intelligence: from nature to artificial systems[M]. New York: Oxford University Press, 1999.

[20] 邵振付,张有林.Ad hoc 网络跨层设计研究[J].中国数据通信,2005(6):85-87.

[21] CARRERAS I, CHLAMTAC I, DE PELLEGRINI F, et al. BIONETS: bioinspired networking for pervasive communication environments[J]. IEEE transactions on vehicular technology, 2007, 56(1): 218-229.

[22] MURRAY J D. Mathematical biology I: an introduction[M]. Germany: Springer, 2002.

[23] HASEGAWA G, MURATA M. TCP symbiosis: congestion control mechanisms of TCP based on Lotka-Volterra competition model[C]. Pisa: Proceedings from the 2006 Workshop on Interdisciplinary Systems Approach in Perform-

ance Evaluation and Design of Computer & Communications Sytems,2006.

[24] EUGSTER P T,GUERRAOUI R,KERMARREC A M,et al.Epidemic information dissemination in distributed systems[J].Computer,2004,37(5):60-76.

[25] HAAS Z,HALPERN J,LI L.Gossip-based ad hoc routing[J].IEEE/ACM transactions on networking,2006,14(3):479-491.

[26] LANGLEY P.Elements of machine learning[M].San Francisco:Morgan Kaufmann,1996.

[27] QUINLAN J R.C4.5:programs for machine learning[M].San Francisco:Morgan Kaufmann Publishers,1993.

[28] IBM WHITE PAPER.An architectural blueprint for autonomic computing[J].IBM white paper,2006.

[29] STRASSNER J.A model-driven architecture for telecommunications systems using DEN-ng[C].Setubals:ICETE 2004 1st,2004:118-128.

[30] BOYD J R.A discourse on winning and losing:patterns of conflict[R].Alabama:Air University Press Curtis E.LeMay Center for Doctrine Development and Education Maxwell AFB,1986.

[31] ANDERSON T,ROSCOE T,WETHERALL D.Preventing internet denial-of-service with capabilities[J].Computer communication review,2004,34(1):39-44.

[32] MUSTAFA Y,EL-NAINAY.Island genetic algorithm-based cognitive networks[D].Virginia:Virginia Polytechnic Institute and State University,2009.

[33] ESTRIN D.2011 annual progress report,UCLA:center for embedded networked sensing[R].Los Angeles:Technical Report,2011.

[34] EISENMAN S B,MILUZZO E,LANE N D,et al.BikeNet: a mobile sensing system for cyclist experience mapping[J].ACM transactions on sensor networks,2009,6(1):1-39.

[35] LU H,PAN W,LANE N D,et al.SoundSense:scalable sound sensing for people-centric sensing applications on mobile phone[C].Krakov:Proceedings of the 7th ACM Conference on Mobile Systems, Applications, and Services, 2009:165-178.

[36] MILUZZO E, LANE N D, FODOR K, et al. Sensing meets mobile social networks: the design, implementation and evaluation of the cenceme application [C]. Raleigh, North Carolina: Proceedings of the 6th ACM Conference on Embedded Network Sensor Systems, 2008: 337-350.

[37] MILUZZO E, LANE N D, EISENMAN S B, et al. CenceMe? injecting sensing presence into social networking applications [J]. Lecture notes in computer science, 2007, 4793(1): 1-28.

[38] EISENMAN S B, LANE N D, MILUZZO E, et al. MetroSense project: people-centric sensing at scale[C]. Boulder: Proceedings of the Workshop on World-Sensor-Web, 2006: 6-11.

[39] LU H, LANE N D, EISENMAN S B, et al. Bubble-sensing: binding sensing tasks to the physical world[J]. Pervasive and mobile computing, 2010, 6(1): 58-71.

[40] WITKOWSKI M, BRENNER P, JANSEN R, et al. Enabling sustainable clouds via environmentally opportunistic computing [C]. Indianapolis: 2010 IEEE Second International Conference on Cloud Computing Technology and Science, 2010: 587-592.

[41] SHILTON K. Four billion little brothers?: privacy, mobile phones, and ubiquitous data collection[J]. Communications of the association for computing machinery, 2009, 52(11): 48-53.

[42] SAKAKI T, OKAZAKI M, MATSUO Y. Earthquake shakes twitter users: real-time event detection by social sensors[C] // Proceedings of the 19th international conference on World Wide Web, 2010: 851-860.

[43] BRENNER P, JANSEN R, GO D, et al. Environmentally opportunistic computing transforming the data center for economic and environmental sustainability[C]. Chicago: 2010 International Green Computing Conference, 2010: 383-388.

[44] MILUZZO E. Darwin phones: the evolution of sensing and inference on mobile phones[C] // Proceedings of the 8th International Conference on Mobile Systems, Applications, and Services. ACM, 2010: 5-20.

[45] HULL B, BYCHKOVSKY V, ZHANG Y, et al. CarTel: a distributed mobile

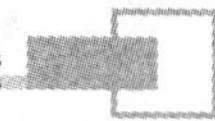

sensor computing system[C]. Boulder: Proceedings of the 4th International Conference on Embedded Networked Sensor Systems,2006:125-138.

[46] PAN H,CHAINTREAU A,SCOTT J,et al.Pocket switched networks and human mobility in conference environments[C]. Philadelphia: Proceedings of the 2005 ACM SIGCOMM Workshop on Delay-Tolerant Networking, 2005: 244-251.

[47] JUANG P, OKI H, WANG Y, et al. Energy-efficient computing for wildlife tracking: design tradeoffs and early experiences with zebranet[C].New York: Proceedings of the 10th International Conference on Architectural Support for Programming Languages and Operating Systems,2002:96-107.

[48] 熊永平,孙利民,牛建伟,等.机会网络[J].软件学报,2009,20(1):124-137.

[49] FALL K.A delay-tolerant network architecture for challenged Internets[C]. New York:Proceedings of ACM SIGCOMM 03,2003:27-34.

[50] GROSSGLAUSER M,TSE D N C.Mobility increases the capacity of ad hoc wireless networks[J].IEEE/ACM transactions on networking,2002,10(4): 477-486.

[51] SPYROPOULOS T, PSOUNIS K, RAGHAVENDRA C S.Spray and wait: an efficient routing scheme for intermittently connected mobile networks[C]. Philadelphia:Proceedings of the 2005 ACM SIGCOMM Workshop on Delay-Tolerant Networking,2005:252-259.

[52] WANG Y, JAIN S, MARTONOSI M, et al. Erasure-coding based routing for opportunistic networks[C].Philadelphia: Proceedings of the 2005 ACMSIGCOMM Workshop on Delay-Tolerant Networking,2005:229-236.

[53] MITZENMACHER M.Digital fountains: a survey and look forward[C]//Digital Fountains: A Survey and Look Forward,2004:271-276.

[54] CHEN L J,YU C H,SUN T,et al.A hybrid routing approach for opportunistic networks[C].Pisa: Proceedings of the 2006 SIGCOMM Workshop on Challenged Networks,2006:213-220.

[55] WIDMER J,BOUDEC J L.Network coding for efficient communication in extreme networks[C].Philadelphia: Proceedings of the 2005 ACM SIGCOMM

Workshop on Delay-Tolerant Networking, 2005: 284-291.

[56] SPYROPOULOS T, PSOUNIS K, RAGHAVENDRA C. Single-copy routing in intermittently connected mobile networks[C]. Piscataway: Proceedings of the 1st Annual IEEE Communications Society Conference on Sensor and Ad Hoc Communications and Networks, 2004: 235-244.

[57] LEBRUN J, CHUAH C N, GHOSAL D, et al. Knowledge-Based opportunistic forwarding in vehicular wireless ad hoc networks[C]. Stockholm: Vehicular Technology Conference, 2005: 4: 2289-4: 2293.

[58] LEGUAY J, FRIEDMAN T, CONAN V. DTN routing in a mobility pattern space[C]. Philadelphia: Proceedings of the 2005 ACM SIGCOMM Workshop on Delay-Tolerant Networking, 2005: 276-283.

[59] TAN K, ZHANG Q, ZHU W. Shortest path routing in partially connected ad hoc networks[C]//Global Telecommunications Conference, 2003 GLOBECOM 03. IEEE. Piscataway: IEEE, 2003, 4: 1038-1042.

[60] RAMANATHAN R, HANSEN R, BASU P, et al. Prioritized epidemic routing for opportunistic networks[C]. San Juan: 1st International MobiSys Workshop on Mobile Opportunistic Networking, 2007: 62-66.

[61] JONES E P C, LI L, WARD P A S. Practical routing in delay-tolerant networks[C]. Philadelphia: Proceedings of the 2005 ACM SIGCOMM Workshop on Delay-tolerant Networking, 2005: 237-243.

[62] MUSOLESI M, HAILES S, MASCOLO C. Adaptive routing for intermittently connected mobile ad hoc networks[C]//World of Wireless Mobile and Multimedia Networks, 2005. WoWMoM 2005. Sixth IEEE International Symposium on A, 2005: 183-189.

[63] JACQUET P, MANS B. Routing in intermittently connected networks: age rumors in connected components[C]. New York: 5th IEEE International Conference on Pervasive Computing and Communications, 2007: 53-58.

[64] LINDGREN A, DORIA A, SCHELÉN O. Probabilistic routing in intermittently connected networks[J]. ACM SIGMOBILE mobile computing and communications review, 2003, 7(3): 19-20.

[65] SPYROPOULOS T, PSOUNIS K, RAGHAVENDRA C S. Spray and focus: effi-

cient mobility-assisted routing for heterogeneous and correlated mobility[C]. 5th Annual IEEE International Conference on Pervasive Computing and Communications Workshops(PerCom Workshops 2007),2007:79-85.

[66] MASCOLO C,MUSOLESI M,PáSZTOR B.Opportunistic mobile sensor data collection with SCAR[C].Boulder:IEEE International Conference on Mobile Ad Hoc and Sensor System,2006:343-344.

[67] WANG Y,WU H.DFT-MSN:the delay/fault-tolerant mobile sensor network for pervasive information gathering[C].Barcelona:IEEE INFOCOM 2006 Conference/25th IEEE International Conference on Computer Communications,2006:1-12.

[68] WANG Y,WU H.Replication-Based efficient data delivery scheme(red)for delay/fault-tolerant mobile sensor network(DFT-MSN)[C]//Proceedings of the 4th Annual IEEE International Conference on Pervasive Computing and Communications Workshops,the PerCom Work-shops2006,2006:5-489.

[69] Liao Y,Tan K,Zhang Z,et al.Estimation based erasure-coding routing in delay tolerant networks[C].Vancouver:Proceedings of the 2006 International Conference on Wireless Communications and Mobile Computing,2006:557-562.

[70] SHAH R C,ROY S,JAIN S,et al.Data MULEs:modeling a three-tier architecture for sparse sensor networks[C].Anchorage:1st IEEE International Workshop on Sensor Network Protocols and Applications,SNPA 2003,2003:30-41.

[71] ZHAO W,AMMAR M,ZEGURA E.A message ferrying approach for data delivery in sparse mobile ad hoc networks[C].Roppongi Hills:Proceedings of the Fifth ACM International Symposium on Mobile Ad Hoc Networking and Computing,MoBiHoc 2004,2004:187-198.

[72] ZHAO W,AMMAR M,ZEGURA E.Controlling the mobility of multiple data transport ferries in a delay-tolerant network[C].Miami:Proceedings of the IEEE INFOCOM,2005,2:1407-1418.

[73] BROCH J,MALTZ D A,JOHNSON D B,et al.A performance comparison of multihop wireless ad hoc network routing protocol[C].Dallas:Proceedings of

the 4th Annual ACM/IEEE International Conference on Mobile Computing and Networking,1998:85-97.

[74] BETTSTETTER C. Mobility modeling in wireless networks: categorization, smooth movement, and border effects[J].ACM SIGMOBILE mobile computing and communications review,2001,5(3):55-66.

[75] SMALL T, HAAS Z J. Resource and performance tradeoffs in delay-tolerant wireless networks[C].Philadelphia: Proceedings of the 2005 ACM SIGCOMM Workshop on Delay-Tolerant Networking,2005:260-267.

[76] EAGLE N, PENTLAND A. Reality mining: sensing complex social systems [J].Personal and ubiquitous computing,2006,10(4):255-268.

[77] UCSD. Wireless topology discovery project[EB/OL].[2019-11-10].http://sysnet.ucsd.edu/wtd/wtd.html,2004.

[78] CAI H, EUN D Y. Crossing over the bounded domain: from exponential to power-law inter-meeting time in MANET[C]. Montréal: Proceedings of the 13th Annual ACM International Conference on Mobile Computing and Networking,2007:159-170.

[79] SPYROPOULOS T, PSOUNIS K, RAGHAVENDRA C S.Performance analysis of mobility-assisted routing[C]. Florence: ACM International Symposium on Mobile Ad Hoc Networking and Computing 7th,2006:49-60.

[80] HSU W J, SPYROPOULOS T, PSOUNIS K, et al. Modeling time-variant user mobility in wireless mobile networks[C]. Anchorage: IEEE INFOCOM 2007-26th IEEE International Conference on Computer Communications, 2007: 758:766.

[81] HUI P, CROWCROFT J. How small labels create big improvements[C]// 2007 IEEE International Conference on Pervasive Computing and Communications Workshops.IEEE Computer Society,2007:65-70.

[82] DALY E M, HAAHR M. Social network analysis for routing in disconnected delay-tolerant MANETs[C]. Montreal: ACM International Symposium on Mobile Ad Hoc Networking and Computing 8th,2007:32-40.

[83] XU Q CH, SU ZH, ZHANG K, et al. Epidemic information dissemination in mobile social networks with opportunistic links[J]. IEEE transactions on e-

merging topics in computing,2015,3(3):399-409.

[84] HUANG J H,CHEN Y Y,CHEN Y CH,et al.Improving opportunistic data dissemination via known vector[C]//2013 27th International Conference on Advanced Information Networking and Applications Workshops,2009:838-843.

[85] SPYROPOULOS T,PSOUNIS K,RAGHAVENDRA C S.Spray and wait:an efficient routing scheme for intermittently connected mobile networks[C]//ACM SIGCOMM 2005 Workshops:Conference on Computer Communications,2005:252-259.

[86] AUNG C Y,HO I W H,CHONG P H J.Store-carry-cooperative forward routing with information epidemics control for data delivery in opportunistic networks[J].IEEE access,2017,5(99):6608-6625.

[87] ZHOU H,WU J,ZHAO H Y,et al.Incentive-driven and freshness-aware content dissemination in selfish opportunistic mobile networks[C].2013 IEEE 10th International Conference on Mobile Ad-Hoc and Sensor Systems,2013:333-341.

[88] HINAI A,ZHANG H,CHEN Y,et al.TB-SnW:trust-based spray-and-wait routing for delay-tolerant networks[J].Journal of supercomputing,2014,69(2):593-609.

[89] DINI G,DUCA A L.A reputation-based approach to tolerate misbehaving carriers in Delay Tolerant Networks[C]//2013 IEEE Symposium on Computers and Communications(ISCC),2010:772-777.

[90] NING T,YANG Z P,WU H Y,et al.Self-Interest-Driven incentives for ad dissemination in autonomous mobile social networks[C]//2013 Proceedings IEEE INFOCOM,2013:2310-2318.

[91] 陈德鸿,何欣,刘天须.机会网络移动模型综述[J].信息安全与技术,2015,6(5):42-45.

[92] CHEN D H,HE X,LIU T X.The overview of mobile model in opportunistic network[J].Information security and technology,2015,6(5):42-45.

[93] ZHU X,BAI Y B,YANG W T,et al.SAME:a students' daily activity mobility model for campus delay-tolerant networks[C]//2012 18th Asia-Pacific Con-

ference on Communications(APCC),2012:528-533.

[94] LI N,DAS S K.RADON:reputation-assisted data forwarding in opportunistic networks[C]//Proceedings of the Second International Workshop on Mobile Opportunistic Networking,2010:8-14.

[95] MOREIRA W,MENDES P,SARGENTO S.Opportunistic routing based on daily routines[C]//2012 IEEE International Symposium on a World of Wireless,Mobile and Multimedia Networks(WoWMoM),2012:1-6.

[96] MCAULEY A J,MANOUSAKIS K,KANT L.Flexible qos route selection with diverse objectives and constraints[C].Enschede:2008 16th International Workshop on Quality of Service,2008:279-288.

[97] SZYMANSKI B K,MORRELL C,GEYIK S C,et al.Biologically inspired self selective routing with preferred path selection[J].Lecture notes in computer science,2008,5151(1):229-240.

[98] BALASUBRAMANIAM S,BOTVICH D,JENNINGS B,et al.Policy-constrained bio-inspired processes for autonomic route management[J].Computer networks,2009,53(10):1666-1682.

[99] MELLOUK A,HOCEINI S,CHEURAF M.Reinforcing probabilistic selective quality of service routes in dynamic irregular networks[J].Computer communication,2008,31(11):2706-2715.

[100] MELLOUK A,HOCEINI S,ZEADALLY S.Design and performance analysis of an inductive Qos routing algorithm[J].Computer communication,2009,32(12):1371-1376.

[101] BOURENANE M,MELLOUK A,BENHAMAMOUCHE D.Inductive QoS packet scheduling for adaptive dynamic networks[C].Beijing:2008 International Conference on Communications,2008:4006-4010.

[102] GELENBE E.Cognitive routing in packet network[C].Heidelberg:11th International Conference on Neural Information Processing,2004:625-632.

[103] GELENBE E,LENT R,MONTUORI A,et al.Cognitive packet network:QoS and performance[C]//Proceedings 10th IEEE International Symposium on Modeling,Analysis and Simulation of Computer and Telecommunications Systems,2002:3-9.

[104] HEY L A.Reduced complexity algorithm for cognitive packet network routers [J].Computer communication,2008,31(16):3822-3830.

[105] CARO G D,DORIGO M.AntNet:distributed stigmergetic control for communications networks[J].Journal of artificial intelligence research,1998,9:317-365.

[106] ANDERSEN D,BALAKRISHNAN H,KAASHOEK F,et al.Resilient overlay networks[J].Operating systems review,2001,35(5):131-145.

[107] YAHAYA A D,SUDA T.iREX:inter-domain resource exchange architecture [C].Barcelona:IEEE INFOCOM 2006 Conference/25th IEEE International Conference on Computer Communications,2006:1-12.

[108] YU Y,GOVINDAN R,ESTRIN D.Geographical and energy aware routing: a recursive data dissemination protocol for wireless sensor networks[R].Los Angeles:UCLA Computer Science Department Technical Report,UCLA-CSD TR-01-0023,2001.

[109] KARP B,KUNG H T.GPSR:greedy perimeter stateless routing for wireless networks[C].Boston:6th Annual International Conference on Mobile Computing and Networking(MOBICOM 2000),2000:243-254.

[110] BHAGWAT P, BHATTACHARYA P, KRISHNA A, et al. Enhancing throughput over wireless LANs using channel state dependent packet scheduling[C].San Francisco:Proceedings of the 1996 15th Annual Joint Conference of the IEEE Computer and Communications Societies,1996,3:1133-1140.

[111] WANG J,ZHAI H,FANG Y.Opportunistic packet scheduling and media access control for wireless LANs and multihop ad hoc networks[C].Atlanta:Proceedings of IEEE Wireless Communications and Networking Conference,2004,2:1234-1239.

[112] DAM T V,LANGENDOEN K.An adaptive energy-efficient MAC protocol for wireless sensor networks[C].Los Angeles:Proceedings of the First International Conference on Embedded Networked Sensor Systems(SenSys),2003:171-180.

[113] RAJENDRAN V,OBRACZKA K,GRACIA-LUNA-ACEVES J J.Energy-effi-

cient, collision-free medium access control for wireless sensor networks[J]. Wireless networks, 2006, 12(1): 63-78.

[114] KIM J, KIM S, CHOI S, et al. CARA: collision-aware rate adaptation for IEEE 802.11 WLANs[C]. Barcelona: Proceedings IEEE INFOCOM 2006. 25th IEEE International Conference on Computer Communications, 2006, 6: 1-11.

[115] GERLA M, NG B K F, SANADIDI M Y. et al. TCP westwood with adaptive bandwidth estimation to improve efficiency/friendliness tradeoffs[J]. Computer communications, 2004, 27(1): 41-58.

[116] HSIEH H Y, KIM K H, ZHU Y J, et al. A receiver-centric transport protocol for mobile hosts with heterogeneous wireless interfaces[C]. San Diego: Proceedings of the 9th Annual International Conference on Mobile Computing and Networking, 2003: 1-15.

[117] VICKERS B J, ALBUQUERQUE C, SUDA T. Source-adaptive multilayered multicast algorithms for real-time video distribution[J]. IEEE/ACM transactions on networking, 2000, 8(6): 720-733.

[118] PAN Y, LEE M, KIM J B, et al. An end-to-end multipath smooth handoff scheme for stream media[J]. IEEE journal on selected areas in communications, 2004, 22(4): 653-663.

[119] WAN C Y, EISENMAN S B, CAMPBELL A T. CODA: congestion detection and avoidance in sensor networks[C]. Los Angeles: Proceedings of ACM SENSYS, 2003: 266-279.

[120] YAO J S, MA C G, QUAN Q. A debt-based barter trade incentive mechanism in opportunistic networks[J]. Journal of Beijing university of posts and telecommunications, 2016, 39(4): 103-107.

[121] HU X P, CHU T H S, LEUNG V C M, et al. A survey on mobile social networks: applications, platforms, system architectures, and future research directions[J]. IEEE communications surveys & tutorials, 2015, 17(3): 1557-1581.

[122] 斯坦利·沃瑟曼,凯瑟琳·福斯特.社会网络分析:方法与应用[M].陈禹,孙彩虹,译.北京:中国人民大学出版社,2012.

[123] 约翰·斯科特.社会网络分析法[M].刘军,译.重庆:重庆大学出版社,2016.

[124] YUAN P Y,MA H D,FU H Y.Hotspot-entropy based data forwarding in opportunistic social networks[J].Pervasive and mobile computing,2015,16:136-154.

[125] LI Z,WANG C,YANG S Q,et al.Space-Crossing:community-based data forwarding in mobile social networks under the hybrid communication architecture[J].IEEE transactions on wireless communications,2015,14(9):4720-4727.

[126] GIRVAN M ,NEWMAN M E J.Community structure in social and biological networks[J].Proceedings of the national academy of science of the United States of America,2002,99(12):7821-7826.

[127] CHEN J,Zaïane O R,GOEBEL R.Detecting communities in social networks using max-min modularity[C].Nevada:2009 SIAM International Conference on Data Mining,2009:978-989.

[128] CHENG J J,LI L J,LENG M W,et al.A divisive spectral method for network community detection[J].Journal of statistical mechanics:theory and experiment,2016,2016(3):033403.

[129] BLONDEL V D,GUILLAUME J L,LAMBIOTTE R,et al.Fast unfolding of community hierarchies in large network[J].Physics and society,2008:1-6.

[130] 刘世超,朱福喜,甘琳.基于标签传播概率的重叠社区发现算法[J].计算机学报,2016(4):717-729.

[131] FAN W,YEUNG K H.Incorporating profile information in community detection for online social networks[J].Physica A,2014,405:226-234.

[132] LIU R F,FENG S,SHI R S,et al.Weighted graph clustering for community detection of large social networks[J].Procedia computer science,2014,31:85-94.

[133] BENYAHIA O,LARGERON C,JEUDY B.Community detection in dynamic graphs with missing edges[C]//2017 11th International Conference on Research Challenges in Information Science(RCIS),2017:372-381.

[134] 马丁·J.奥斯本,阿里尔·鲁宾斯坦.博弈论教程[M].北京:中国社会科

学出版社,2000.

[135] Tamma B R, BALDO N, MANOJ B S, et al. Multi-channel wireless traffic sensing and characterization for cognitive networking[J].2009 IEEE international conference communications,2009:1-5.

[136] XU Z, HUANG C H. Research on wireless mesh network multipath QoS routing[J]. Application research of computers,2009,26(7):2688-2690.

[137] ZAFAR H, HARLE D, ANDONOVIC I, et al. Performance evaluation of shortest multipath source routing scheme[J]. IET communications, 2009, 3(5):700-713.

[138] LI X, JIA Z, ZHANG P, et al. Trust-based on-demand multipath routing in mobile ad hoc networks[J]. IET information security, 2010, 4(4):212-232.

[139] Rong B, Qian Y, Lu K, et al. Multipath routing over wireless mesh networks for multiple description video transmission[J]. IEEE journal on selected areas in communications, 2010, 28(3):321-331.

[140] SANG A, LI S Q. A predictability analysis of network traffic[C]. Israel: Proceedings IEEE INFOCOM 2000. Conference on Computer Communications. Nineteenth Annual Joint Conference of the IEEE Computer and Communications Societies(INFCOM), 2000:342-351.

[141] 邹柏贤,刘强.基于 ARMA 模型的网络流量预测[J].计算机研究与发展,2002,39(12):1645-1652.

[142] RENAUD O, STARCK J L, MURTAGH F. Prediction based on a multiscale decomposition[J]. International journal of wavelets, multiresolution and information processing, 2003, 1(2):217-232.

[143] PAPAGIANNAKI D, TAFT N, ZHANG Z L, et al. Long-term forecasting of internet backbone traffic: observations and initial models[J]. Proceedings-IEEE INFOCOM, 2003, 2:1178-1188.

[144] QIAO Y, SKICEWICZ J, DINDA P. An empirical study of the multiscale predictability of network traffic[C]//High Performance Distributed Computing, 2004: 66-76.

[145] 舒炎泰,王雷,张连芳,等.基于 FARIMA 模型的 Internet 网络业务预报[J].计算机学报,2001,24(1):46-54.

[146] 谭晓玲,许勇,张凌,等.基于小波分解的网络流量模型[J].计算机工程与应用,2005,41(9):126-128,200.

[147] TARRAF A A,HABIB I W,SAADAWI T N,et al.ATM multimedia traffic prediction using neural networks[J].First IEEE symposium on global data networking,1993:77-84.

[148] HE S,HU C,SONG G J,et al.Real-time short-term traffic flow forecasting based on process neural network[J].Advances in neural networks,2008,5264:560-569.

[149] 邓聚龙.灰理论基础[M].武汉:华中科技大学出版社,2002.

[150] LIN C B,SU S F,HSU Y T.High precision prediction using grey models[J].International journal of systems science,2001,32(5):609-619.

[151] 曹建华,刘渊,戴悦.一种基于灰色神经网络的网络流量预测模型[J].计算机工程与应用,2008,44(5):155-157.

[152] SUN Z L.Prototyping and experimental validation of network layer function in the NGI[J].University of surrey,2006:55.

[153] PRASHANTH K V S,SRIVATHSA M S,KIRAN S V,et al.Joint routing and scheduling in wireless mesh networks based on traffic prediction using ARIMA[C]//2009 International Conference on Signal Processing Systems,2009:599-605.

[154] JUNG S,WU M,JUNG Y,et al.Traffic-predicting a routing algorithm using time series models[J].Lecture notes in computer science,2006,3983(1):1022-1031.

[155] KRIEGER MH,RA M R,PAEK J,et al.Urban tomography[J].Journal of urban technology,2010,17(2):21-36.

[156] KRIEGER M H,GOVINDAN R,RA M R,et al.Commentary:pervasive urban media documentation[J].Journal of planning education and research,2009,29(1):114-116.

[157] DENG L,COX L P.Live compare: grocery bargain hunting through participatory sensing[C]//International Conference On Mobile Systems,Applications And Services.California,2009:4.

[158] GAONKAR S,LI J,CHOUDHURY R R,et al.Micro-Blog:sharing and quer-

ying content through mobile phones and social participation[C]//Mobisys'08: Proceedings of the Sixth International Conference on Mobile Systems, Applications, AND Services. Colorado, 2008: 174-186.

[159] AZIZYAN M, CHOUDHURY R R. SurroundSense: mobile phone localization using ambient sound and light[J]. ACM SIGMOBILE mobile computing and communications review, 2009, 13(1): 69-72.

[160] AZIZYAN M, CONSTANDACHE I, CHOUDHURY R R. SurroundSense: mobile phone localization via ambience fingerprinting[C]. Beijing: Proceedings of the 15th Annual International Conference on Mobile Computing and Networking, 2009: 261-272.

[161] HULL B, BYCHKOVSKY V, ZHANG Y, et al. CarTel: A distributed mobile sensor computing system[C]//Conference on Embedded Networked Sensor Systems. Colorado, 2006: 125-138.

[162] THIAGARAJAN A, RAVINDRANATH L, LACURTS K, et al. VTrack: accurate, energy-aware road traffic delay estimation using mobile phones[C]//Conference on Embedded Networked Sensor Systems. Berkeley, 2009: 85-98.

[163] KOTOVIRTA V, TOIVANEN T, TERGUJEFF R, et al. Participatory sensing in environmental monitoring-experiences[C]//2012 Sixth International Conference on Innovative Mobile and Internet Services in Ubiquitous Computing. Palermo, 2012: 155-162.

[164] RANA R K, CHOU C T, KANHERE S S, et al. Ear-phone: an end-to-end participatory urban noise mapping system[C]//9th ACM/IEEE International Conference on Information Processing in Sensor Networks 2010, 2010: 105-116.

[165] ZHOU P F, ZHENG Y Q, LI M. How long to wait? predicting bus arrival time with mobile phone based participatory sensing[J]. IEEE transactions on mobile computing, 2014, 13(6): 1228-1241.

[166] LANE N D, EISENMAN S B, MUSOLESI M, et al. Urban sensing systems: opportunistic or participatory[C]//International Conference on Mobile Systems, Applications and Services. Napa, 2008: 11-16.

[167] GONZÁLEZ M C, HIDALGO C A, BARABÁSI A L. Understanding individu-

al human mobility patterns[J].Nature,2008,453(7196):779-782.

[168] SONG C M, QU Z H, BLUMM N, et al. Limits of predictability in human mobility[J].Science,2010,327(5968):1018-1021.

[169] JIANG B, YIN J J, ZHAO S J.Characterizing the human mobility pattern in a large street network[J]. Physical review E, statistical, nonlinear, and soft matter physics,2009,80(2):021136.

[170] QIN S M, VERKASALO H, MOHTASCHEMI M, et al.Patterns, entropy, and predictability of human mobility and life[J].Plos one,2012,7(12):1-8.

[171] SONG L, KOTZ D, JAIN R, et al.Evaluating location predictors with extensive Wi-Fi mobility data[C]//23rd Annual Joint Conference of the IEEE Computer and Communications Societies (INFOCOM 2004). Hong Kong, 2004,2:1414-1424.

[172] SCELLATO S, MUSOLESI M, MASCOLO C, et al.NextPlace:a spatio-temporal prediction framework for pervasive systems[C]//Pervasive Computing. San Francisco,2011:152-169.

[173] MER A S, ANDRADE-NAVARRO M A.A novel approach for protein subcellular location prediction using amino acid exposure[J].BMC bioinformatics, 2013,342(14):1-13.

[174] YAVAş G, KATSAROS D, ULUSOY Ö, et al.A data mining approach for location prediction in mobile environments[J].Data and knowledge engineering,2005,54(2):121-146.

[175] AKOUSH S, SAMEH A.The use of bayesian learning of neural networks for mobile user position prediction[C]//Seventh International Conference on Intelligent Systems Design and Applications(ISDA 2007).Rio de Janeiro, 2007:441-446.

[176] MOZER M C.The neural network house: an environment hat adapts to its inhabitants[C]//Proceedings of the AAAI Spring Symp.Stanford, 1998:110-114.

[177] KARIMI H A, LIU X.A predictive location model for location-based services [C].New Orleans:Proceedings of the 11th ACM International Symposium on Advances in Geographic Information Systems,2003:126-133.

[178] PATTERSON D J, LIAO L, FOX D, et al. Inferring high-level behavior from low-level sensors[C]//5th International Conference on Ubiquitous Computing(UbiComp 2003). Seattle, 2003: 73-89.

[179] MA L B, ZHANG X CH. Research on full-period query oriented moving objects spatio-temporal data model[J]. Acta geodaetica et cartographica sinica, 2008, 37(2): 207-211, 222.

[180] TAO Y F, FALOUTSOS C, PAPADIAS D, et al. Prediction and indexing of moving objects with unknown motion patterns[C]//Proceedings of the 2004 ACM SIGMOD International Conference on Management of Data. Paris, 2004: 611-622.

[181] HE Y B, FAN S D, HAO Z X. Whole trajectory modeling of moving objects based on MOST model[J]. Computer engineering, 2008, 34(16): 41-43.

[182] LU S S, LIU Y L, LIU Y H, et al. LOOP: a location based routing scheme for opportunistic networks[C]//9th IEEE International Conference on Mobile Ad-hoc and Sensor Systems. Las Vegas. Nevada, 2012: 118-126.

[183] MCNETT M, VOELKER G M. Access and mobility of wireless PDA users[J/OL]. Mobile computing and communications review, 2013, 9(2): 40-55 [2019-11-30]. http://www.sysnet.ucsd.edu/wtd/wtd-mc2r05.pdf.

[184] MUN M, REDDY S, SHILTON K, et al. PEIR, the personal environment impact report, as a platform for participatory sensing systems research[C]. Wroclaw: Proceedings of the 7th International Conference on Mobile Systems, Applications, and Services, 2009: 55-68.

[185] VAHDAT A, BECKER D. Epidemic routing for partially connected ad hoc networks[R]. North Carolina: Duke University Technical Report, CS-200006, 2000.

[186] JAIN S, FALL K, PATRA R. Routing in a delay tolerant network[C]//Proceedings of ACM SIGCOMM on Computer Communication, 2004: 145-158.

[187] LINDGREN A, DROIA A, ELWYN D, et al. Probabilistic routing protocol for intermittently connected networks[J/OL]. RFC 6693 draft-lindgren-dtnrg-prophet-02, 2012: 1-113 [2019-11-30]. https://www.rfc-editor.org/info/rfc6693.

[188] HUI P,CROWCROFT J,YONEKI E.Bubble rap:social-based forwarding in delay tolerant networks[C].New York:Proceedings of the 9th ACM International Symposium on Mobile Ad Hoc Networking and Computing,2008:241-250.

[189] LINK J A B, VIOL N, GOLIATH A, et al. SimBetAge: utilizing temporal changes in social networks for pocket switched networks[C].New York:International Conference on Emerging Networking Experiments and Technologies,2009:13-18.

[190] YU B,YANG Z Z,CHEN K,et al.Hybrid model for prediction of bus arrival times at next station[J].Journal of advanced transportation,2010,44(3):193-204.

[191] YU B,YANG Z Z,YAO B Z.Bus arrival time prediction using support vector machines[J].Journal of intelligent transportation systems,2007,10(4):151-158.

[192] YU B,YANG Z Z,YAO B Z.A hybrid algorithm for vehicle routing problem with time windows[J].Expert systems with applications,2011,38(1):435-441.

[193] YU B,ZHU H B,CAI W J,et al.Two-phase optimization approach to transit hub location:the case of dalian[J].Journal of transport geography,2013,33:62-71.

[194] YU B,YANG Z Z,YAO J B.Genetic algorithm for bus frequency optimization[J].Journal of transportation engineering,2010,136(6):576-583.

[195] FAROOQ M.Bee-inspired protocol engineering:from nature to networks[M].Berlin:Springer,2009.

[196] ZENGIN A,SARJOUGHIAN H,EKIZ H.Discrete event modeling of swarm intelligence based routing in network systems[J].Information science,2013,222:81-98.

[197] YAO B Z,HU P,ZHANG M H,et al.Artificial bee colony algorithm with scanning strategy for the periodic vehicle routing problem[J].Simulation:transactions of the society for modeling and simulation international,2013,89(6):762-770.

[198] BONABEAU E, DORIGO M, THTRAULAZ G. Swarm intelligence: from natural to artificial systems[M]. Oxford: Oxford University Press, 1999.

[199] DORIGO M, MANIEZZO V, COLORNI A. The ant system: optimization by a colony of cooperating agents[J]. IEEE transactions on systems, man and cybernetics, 1996, 26(1): 29-41.

[200] CHIHIRO M, MIKI E, AKIHIRO N, et al. Development of failure detection system for network control using collective intelligence of social networking service in large-scale disasters[C]//Proceedings of the 27th ACM Conference on Hypertext and Social Media, 2016: 267-272.

[201] YAO B Z, HU P, ZHANG M H, et al. Improved ant colony optimization for seafood product delivery routing problem[J]. Promet-traffic & transportation, 2014, 26(1): 1-10.

[202] YAO B Z, YANG C, HU J, et al. An improved ant colony optimization for flexible job shop scheduling problems[J]. Advanced science letters, 2011, 4(6/7): 2127-2131.

[203] LI J, XING X, YU R, et al. Social relationship-based mobile node location prediction algorithm in opportunistic cognitive networks[J]. WIT transactions on information and communication technologies, 2014: 113-119.

[204] HUANG L S, WU Z S. Probability theory and mathematical statistics[M]. Hangzhou: Zhejiang University Press, 2012.

[205] DORIGO M, STÜTZLE T. The ant colony optimization metaheuristic: algorithms, applications, and advances[J]. Handbook of metaheuristics, 2003, 57: 250-285.

[206] DEBAR H, THOMAS Y, BOULAHIA-CUPPENS N, et al. Using contextual security policies for threat response[C]. Berlin: Proceedings of the 3rd GI International Conference on Detection of Intrusions and Malware, and Vulnerability Assessment(DIMVA), 2006: 109-128.

[207] LE V D, SCHOLTEN H, HAVINGA P J M, et al. Location-based data dissemination with human mobility using online density estimation[J]. 2014 IEEE 11th consumer communications and networking conference, 2014: 747-754.

[208] CHEN B C, GUO J, TSENG B, et al. User reputation in a comment rating environment[C]//Proceedings of the 17th ACM SIGKDD International Conference on Knowledge Discovery and Data Mining, 2011: 159-167.

[209] AWS. Overview of amazon web services[R/OL]. [2019-11-30]. https://d1.awsstatic.com/whitepapers/aws-overview.pdf, 2020.

[210] LI W A, WU D SH, XU H. Reputation in China's online auction market: evidence from Taobao.com[J]. Frontiers of business research in China, 2008, 2: 323-338.

[211] BUCHEGGER S, LE BOUDEC J Y. Performance analysis of the CONFIDANT protocol[C]//International Symposium on Mobile Ad Hoc Networking & Computing, 2002: 226-236.

[212] MICHIARDI P, MOLVA R. Core: a collaborative reputation mechanism to enforce node cooperation in mobile ad hoc networks[J]. Advanced communications and multimedia security, 2002, 100: 107-121.

[213] BUCHEGGER S, LE BOUDEC J Y. Coping with false accusations in misbehavior reputation system for mobile ad-hoc networks[R]. Lausanne: EPEL Technical Report Number IC/2003/31, 2003.

[214] JØSANG A, ISMAIL R. The beta reputation system[C]//Proceedings of the 15th Bled Electronic Commerce Conference, 2002: 41-55.

[215] GELMAN A, CARLIN J B, STERN H S, et al. Bayesian data analysis[M]. New York: Champman and Hall, 2003.

[216] GANERIWAL S, BALZANO L K, SRIVASTAVA M B. Reputation-based framework for high integrity sensor networks[J]. ACM transactions on sensor networks, 2008, 4(3): 1-37.

[217] HUANG K L, KANHERE S S, HU W. On the need for a reputation system in mobile phone based sensing[J]. Ad hoc networks, 2014, 12: 130-149.

[218] YANG H F, ZHANG J L, ROE P. Using reputation management in participatory sensing for data classification[J]. Procedia computer science, 2011, 5: 190-197.

[219] YANG B, GARCIA-MOLINA H. PPay: micropayments for peer-to-peer systems[J]. Proceedings of the ACM conference on computer and communica-

tions security,2003:300-310.

[220] ESTRIN D.Participatory sensing:applications and architecture[J].IEEE internet computing,2010,14(1):12-42.

[221] GOOGLE.The mobile movement:understanding smartphone users[EB/OL].(2011-04-01)[2019-11-30].http://www.gstatic.com/ads/research/en/2011_TheMobileMovement.pdf.

[222] HABIB A,CHUANG J.Service differentiated peer selection:an incentive mechanism for peer-to-peer media streaming[J].IEEE transactions on multimedia,2006,8(3):610-621.

[223] HOAGLIN D C,MOSTELLER F,TUKEY J W.Understanding robust and exploratory data analysis[M].New York:Wiley,1983.

[224] MACQUEEN J.Some methods for classification and analysis of multivariate observations[J].Proceedings of the fifth Berkeley symposium on mathematical statistics and probability,1967:281-297.

[225] LEE J S,HOH B.Dynamic pricing incentive for participatory sensing[J].Pervasive and mobile computing,2010,6(6):693-708.

[226] LEE J S,SZYMANSKI B K.Auctions as a dynamic pricing mechanism for e-services[J].Service enterprise integration,2007,16:131-156.

[227] XU Q,SU Z,ZHANG K,et al.Epidemic information dissemination in mobile social networks with opportunistic links[J].IEEE transactions on emerging topics in computing,2015,3(3):399-409.

[228] EAGLE N,PENTLAND A.Reality mining:sensing complex social systems[J].Personal and ubiquitous computing,2006,10(4):255-268.

[229] PAN D,SUN J,LIU X,et al.A campus based mobility model for opportunistic network[J].Lecture notes in electrical engineering,2014,246:1039-1046.

[230] LUCE R D,PERRY A D.A method of matrix analysis of group structure[J].Psychometrika,1949,14(2):95-116.

[231] FREEMAN L C.Centrality in social networks conceptual clarification[J].Social networks,1978,1(3):215-239.